设 计 师 手 稿 系 列

男装款式设计1200例

田宝华 著

中国纺织出版社有限公司

内 容 提 要

本书共有10个部分，分别是短袖T恤、衬衫、卫衣、西装、马甲、夹克、风衣、防寒服装、户外服装、品牌应用男装设计，以1200余幅正反面款式图展示了男装的主要款式特征和风格细节。每幅作品在服装廓型、面辅料，以及款式细节上都刻画生动、结构明晰。

本书有助于高校服装专业的师生以及行业内品牌企业、服装设计师学习参考，也希望能对广大喜爱服装设计的时尚爱好者有所帮助。

图书在版编目（CIP）数据

男装款式设计1200例 / 田宝华著 . -- 北京：中国纺织出版社有限公司，2022.10

（设计师手稿系列）

ISBN 978-7-5180-6685-8

Ⅰ.①男… Ⅱ.①田… Ⅲ.①男服—服装设计—高等学校—教材 Ⅳ.①TS941.718

中国版本图书馆CIP数据核字（2019）第200665号

责任编辑：孙成成　　责任校对：寇晨晨　　责任印制：王艳丽

中国纺织出版社有限公司出版发行

地址：北京市朝阳区百子湾东里A407号楼　邮政编码：100124

销售电话：010—67004422　传真：010—87155801

http: //www.c-textilep. com

中国纺织出版社天猫旗舰店

官方微博 http: //weibo.com/2119887771

北京华联印刷有限公司印刷　各地新华书店经销

2022年10月第1版第1次印刷

开本：889×1194　1/16　印张：12

字数：250千字　定价：65.00元

前言

PREFACE

一直很喜欢“抟物”（tuán wù）一词，其源自五代末宋初的著名道士陈抟祖师以及他的哲学，意为对物与事的深研品质。作为一名高校教师，笔者从事理论与实践教学二十余年，一直信奉这一理念，主持参与服装设计品牌开发等项目70余项，在不断成长中，深刻体会到服装设计中款式图的重要性。自2015年起至今，笔者不断丰富着此书的内容，改进款式图的表现方法，充实设计内容，坚持专业的制图规范，追求时尚审美性，为每一张款式图注入了更多的国际流行元素。当然，因流行是不断变化的，此书属于原创设计，有不足之处恳请专家、设计师及爱好服装设计的朋友们提出宝贵意见。

另外，在此书多年的原创设计中，特别感谢杨韶斐、马瑜、马菡婧、强坤、岳灵、张小燕、傅文静、张婧偲等为本书提供的帮助。

田宝华

2022年7月26日

目录
CONTENTS

CHAPTER 1

短袖T恤

本单元的服装品类为短袖T恤，是夏季男式服装的基础款式，具体款式包括：休闲T恤、运动T恤、Polo衫。

T恤因其款式平铺形状如T字而得名，是起源于欧洲人们日常穿着的内衣，后开始以外衣形式出现。

短袖T恤中的Polo衫直译为马球衫，也可称为网球衫、高尔夫球衫。Polo衫起源于网球运动，最初是由曾获得大满贯赛7次单打冠军及3次双打冠军的里聂·拉寇斯特，于其自创品牌Lacoste所推出的有领运动衫，后成为服装的常见款式之一。

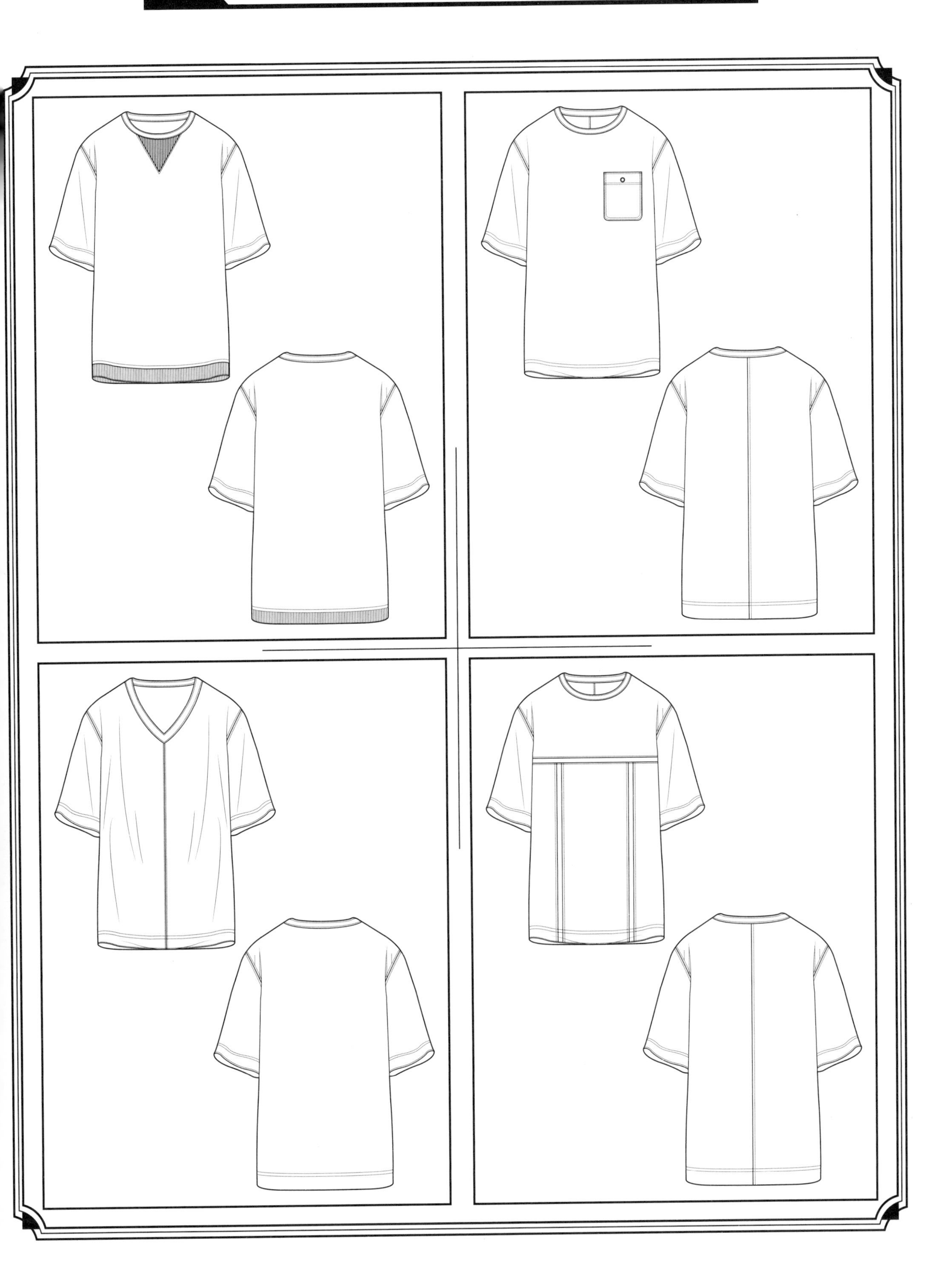

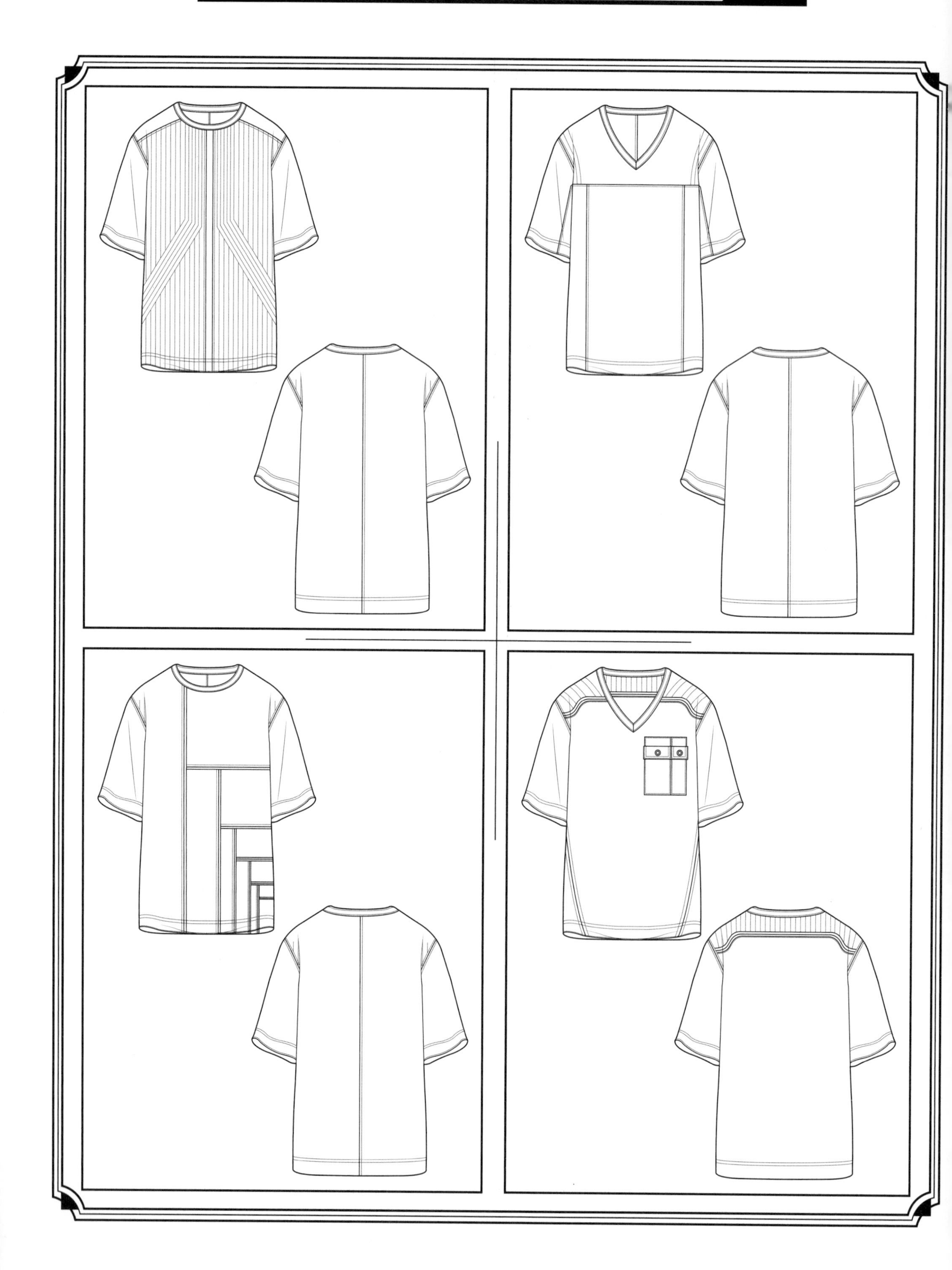

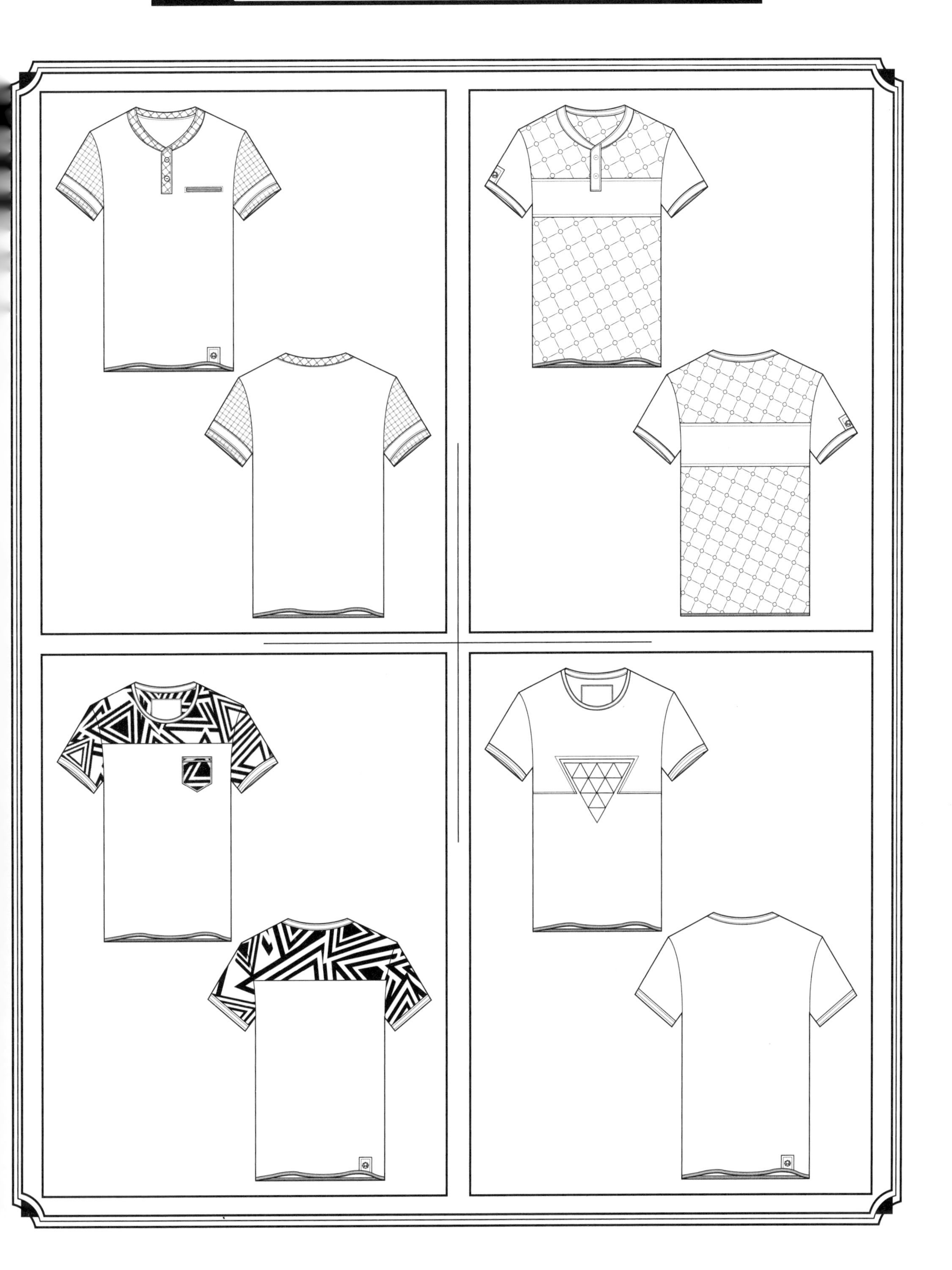

CHAPTER 2

衬衫

本单元的服装品类为衬衫。衬衫最初是由男性穿着的内衣，一般带衣领，袖子带有袖口，门襟多为垂直且带有纽扣的直开襟。衬衫具体款式包括：正装衬衫、休闲衬衫、度假衬衫等。

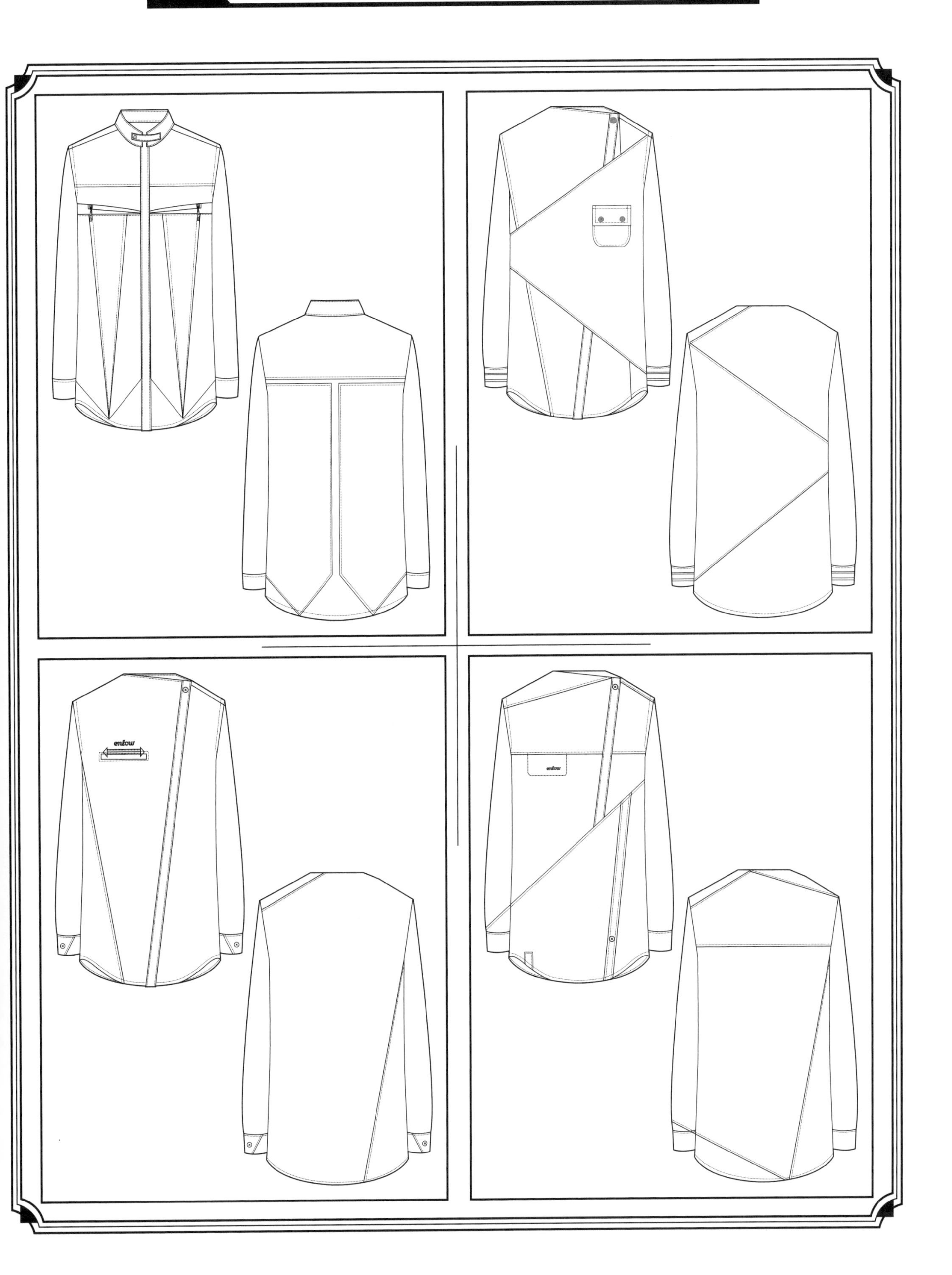
enlow
enlow

HYSICRL
BJLAPOKSNUDA
HYSICRL
BJLAPOKSNUDA

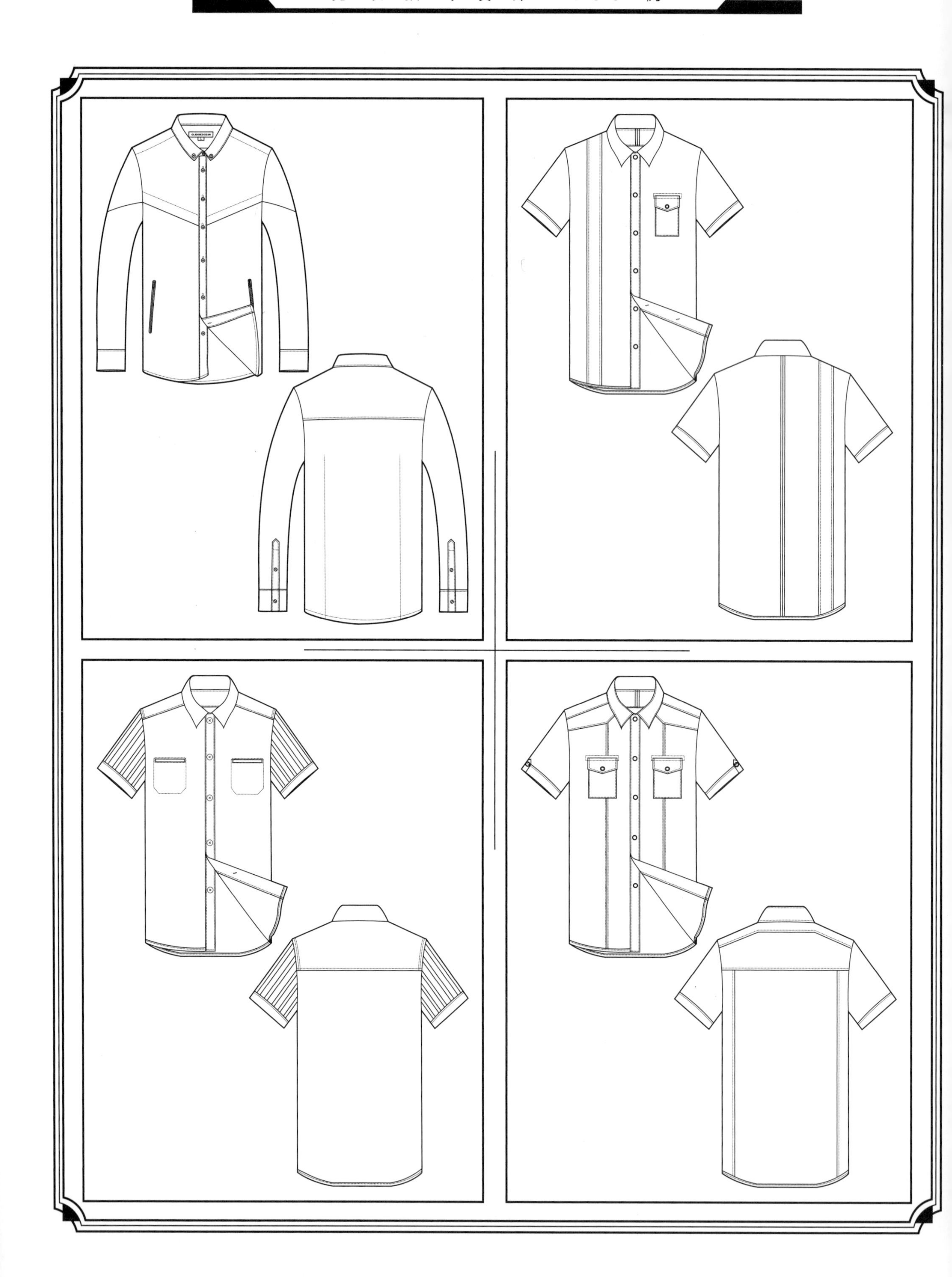

CHAPTER 3

卫衣

本单元的服装品类为卫衣。卫衣是一种实用的服装，起源于20世纪30年代的工人着装。现代卫衣最早由冠军品牌（Champion）于20世纪30年代推出，并销售给在纽约州北部寒冷地区工作的劳动者。20世纪90年代，卫衣随“Hip-Hop”文化开始流行。

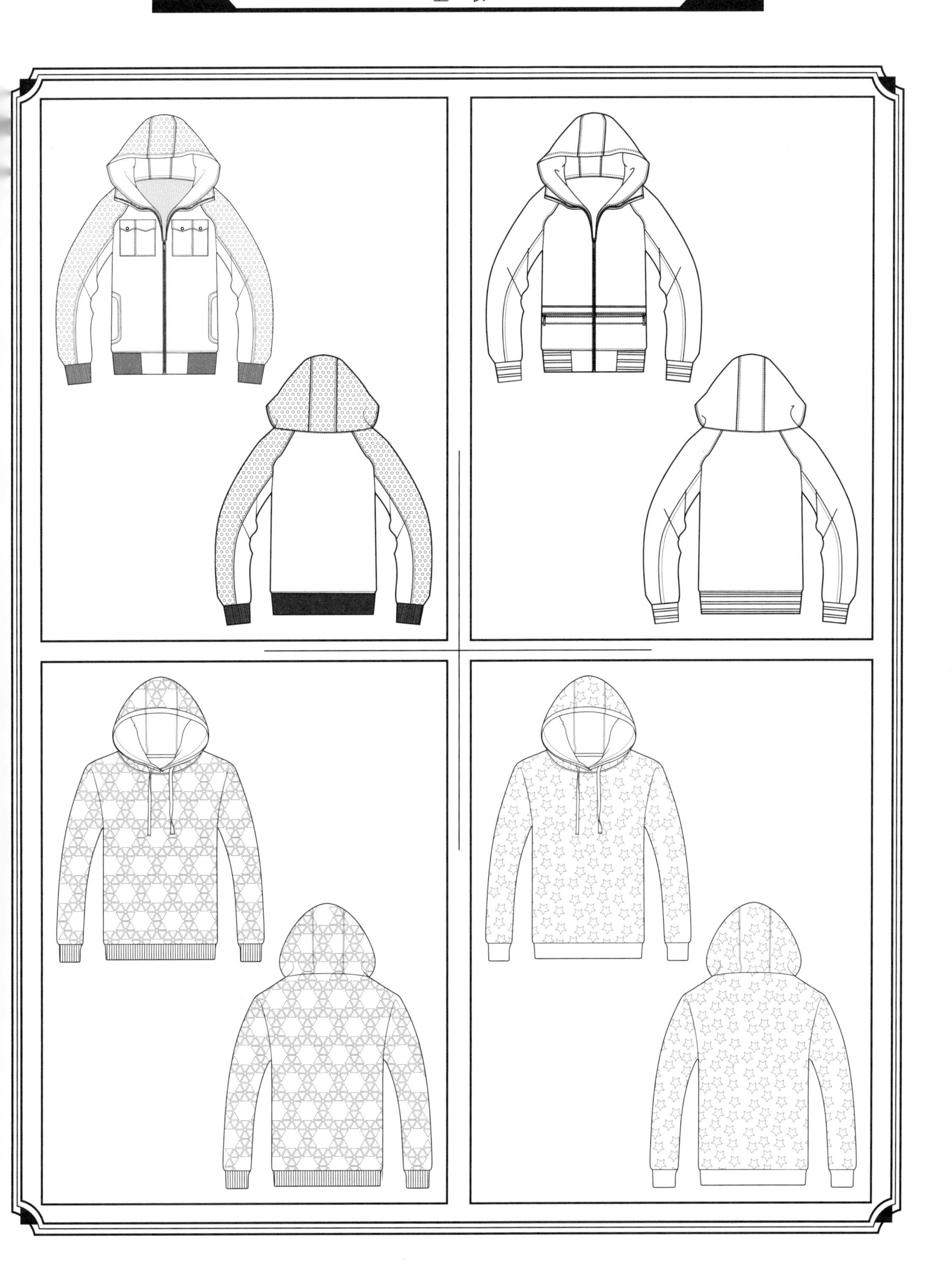

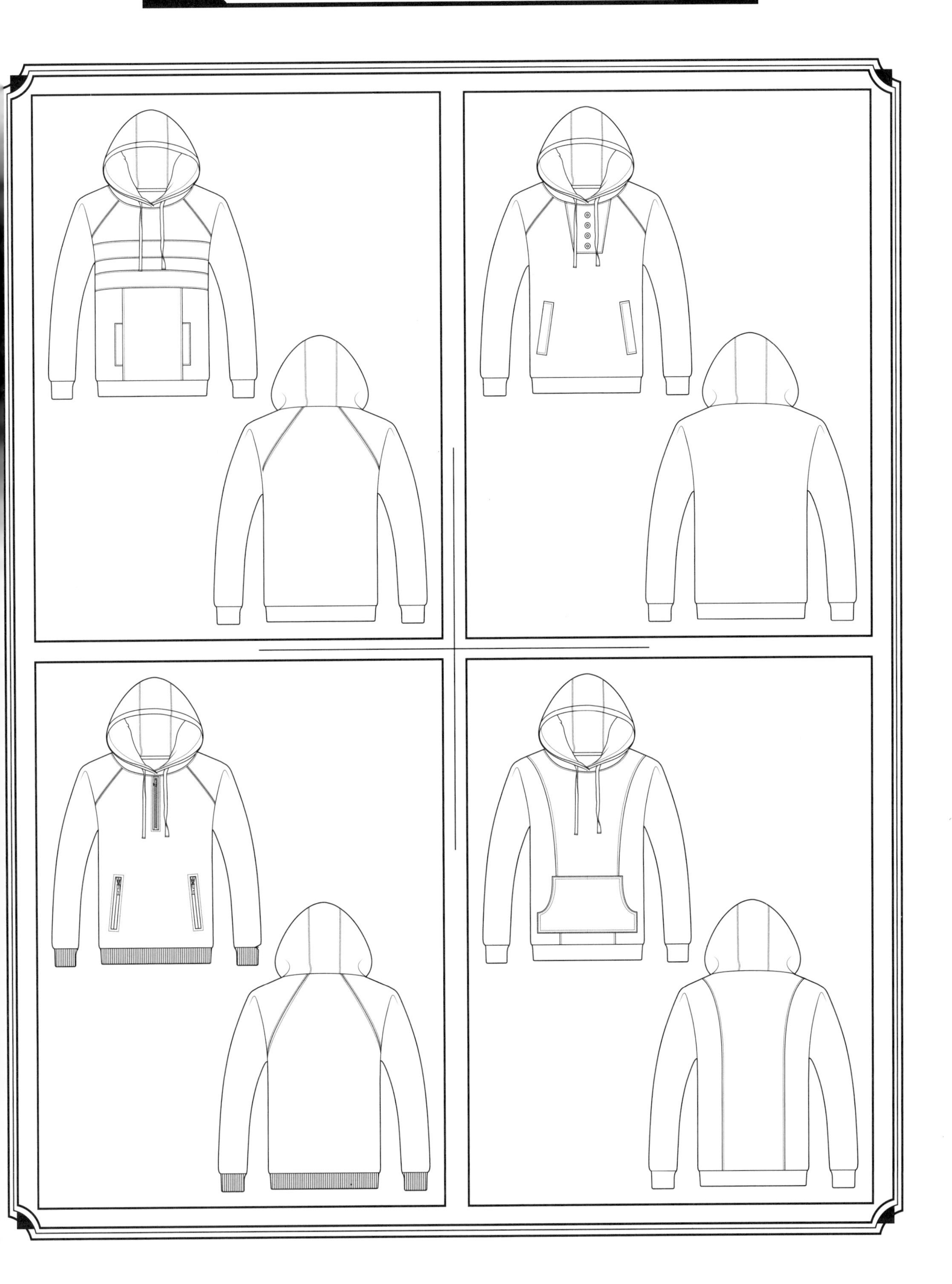

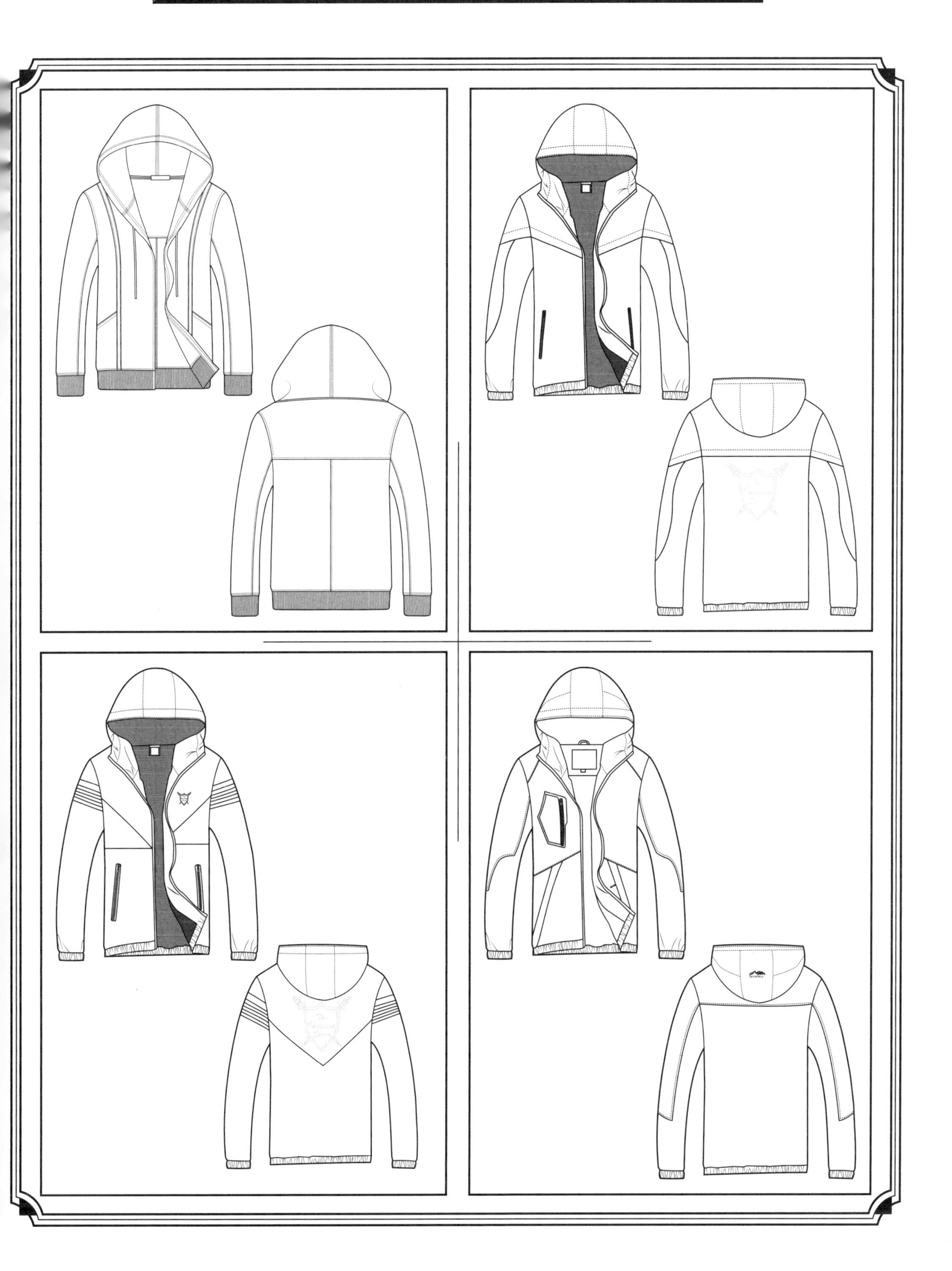

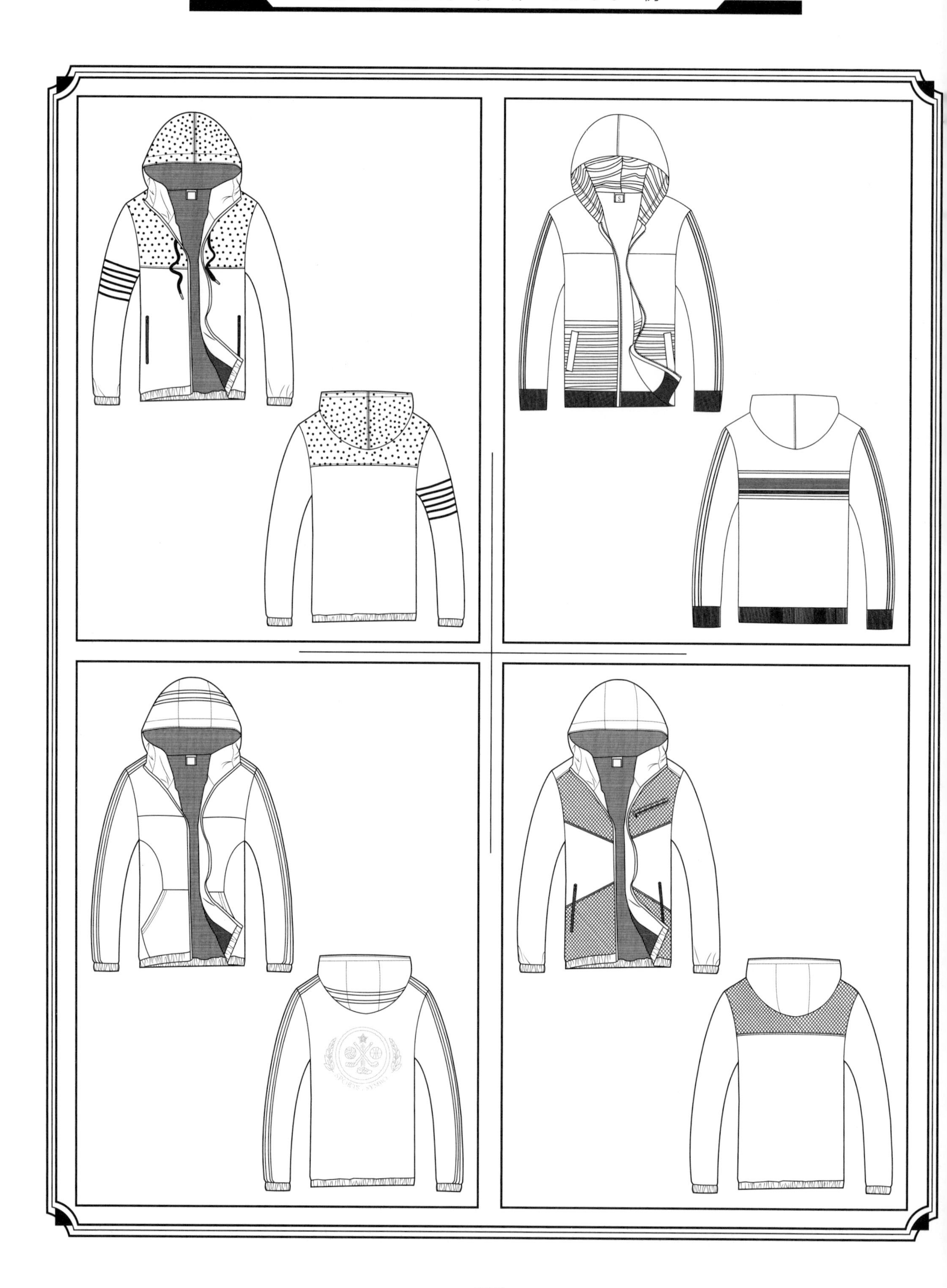

SPORTS . SYMBOL

SPORTS . SYMBOL

CHAPTER 4

西装

本单元的服装品类为西装。西装，又称西服，泛指西式的正式套装，有翻领和驳头。常见的男式西装又分为正式西装和休闲西装，一般在面料上有所区分，休闲西装采用的面料更为多样化。

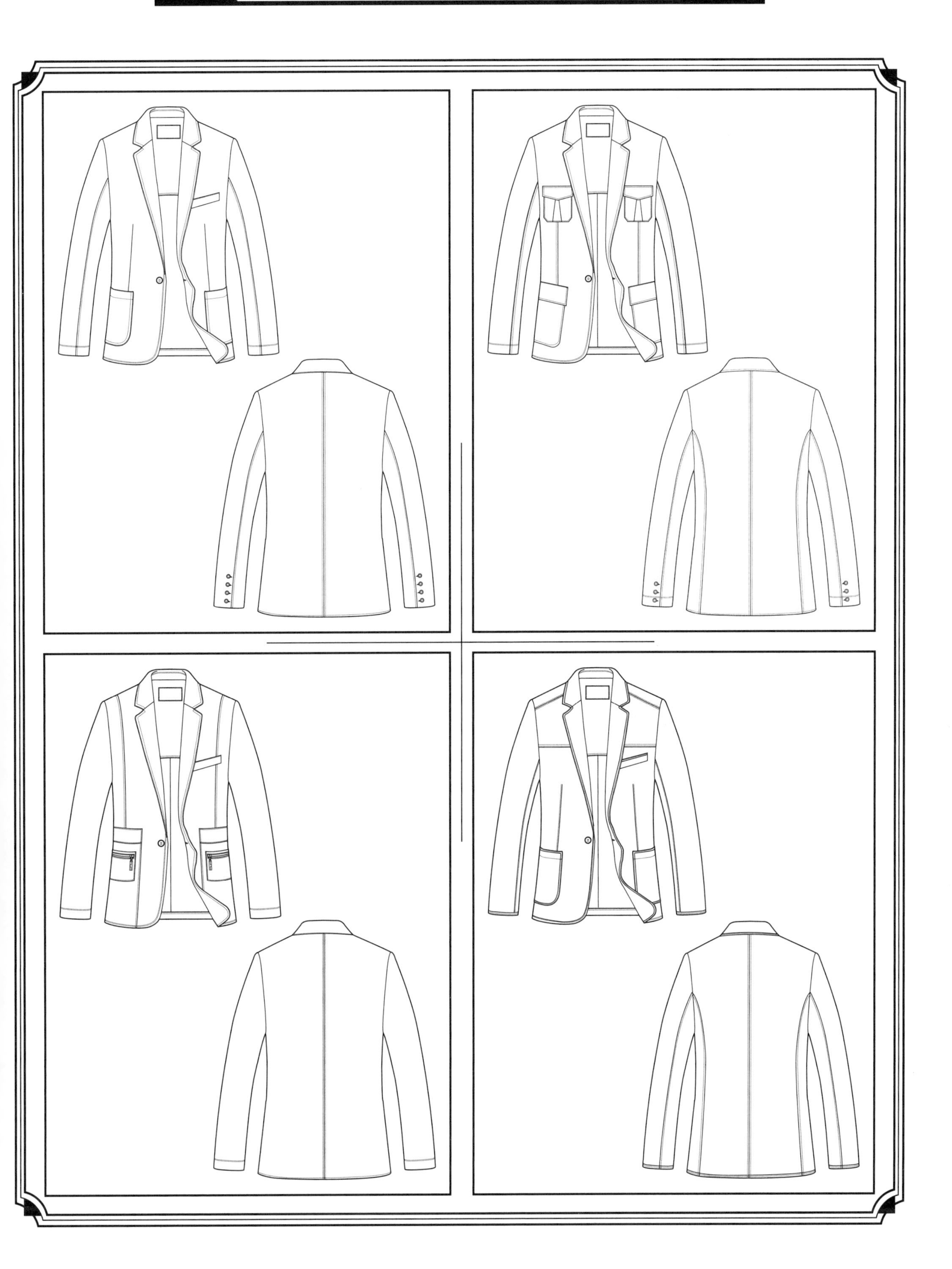

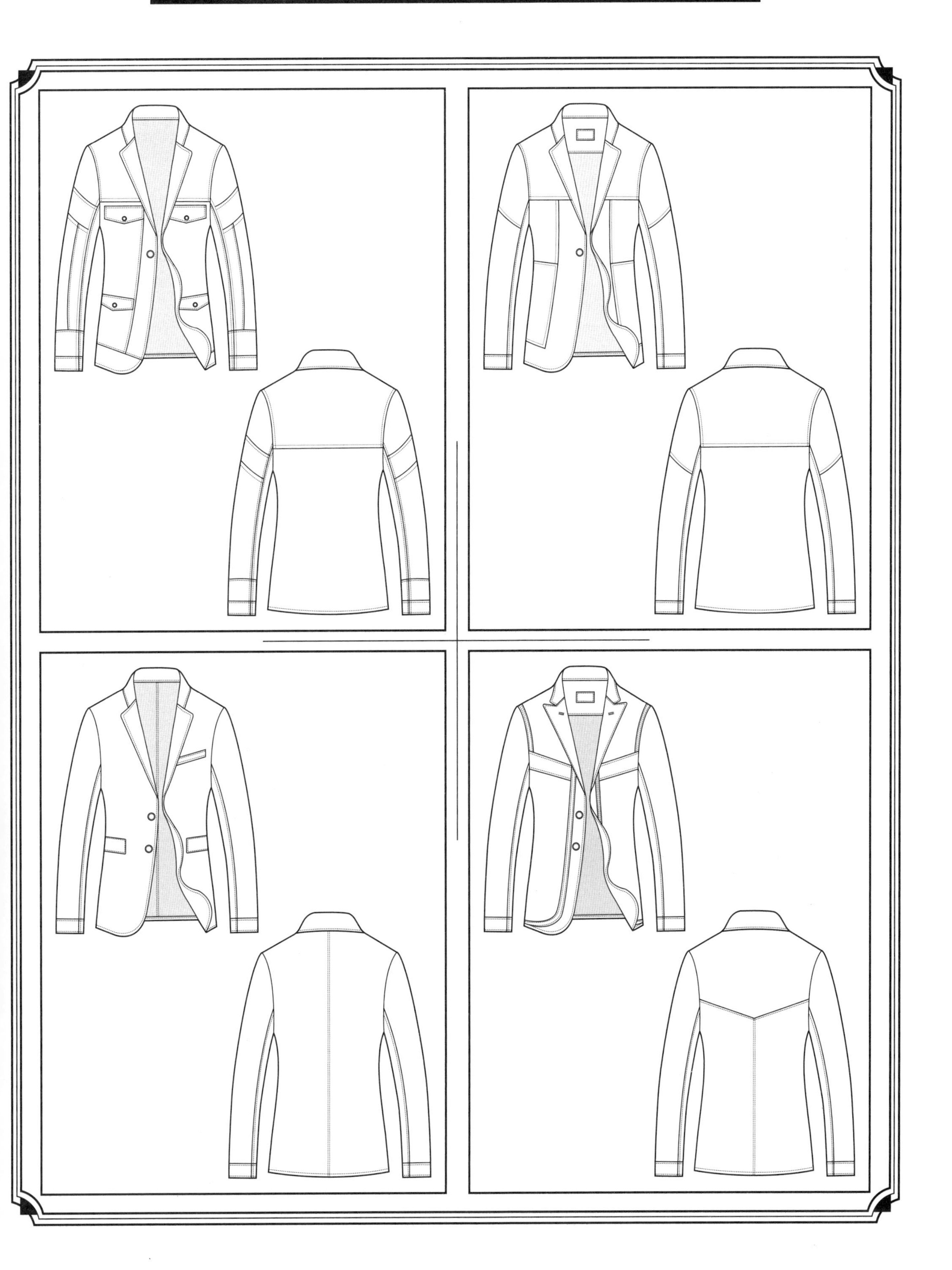

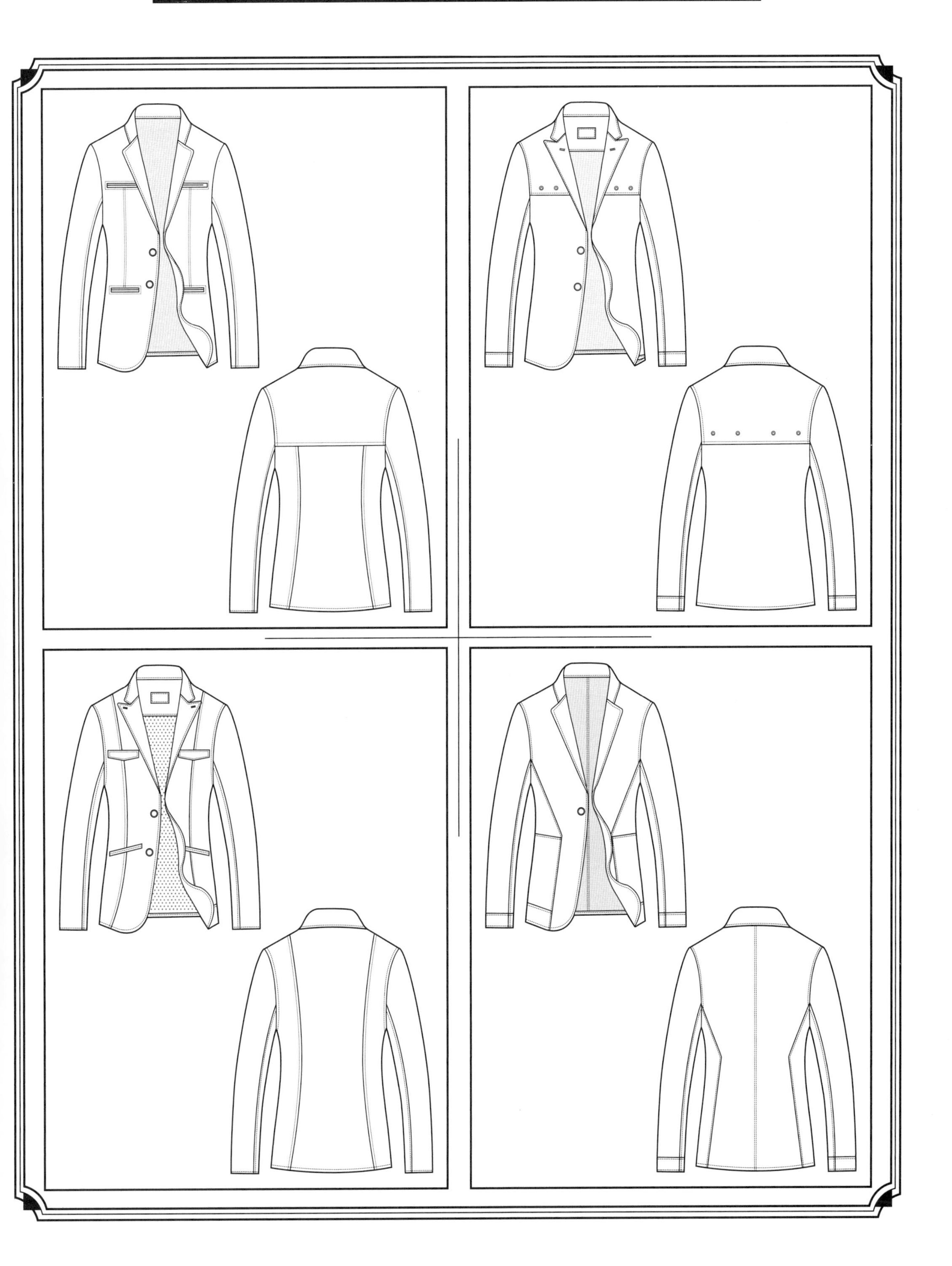

CHAPTER 5

马甲

本单元的服装品类为马甲，也称为背心，是一种无袖上身服装。它起源于传统三件式男式西装的第三件。该款式既可以内穿，也可以外穿，具体包括：防寒马甲、休闲马甲、功能性马甲等。

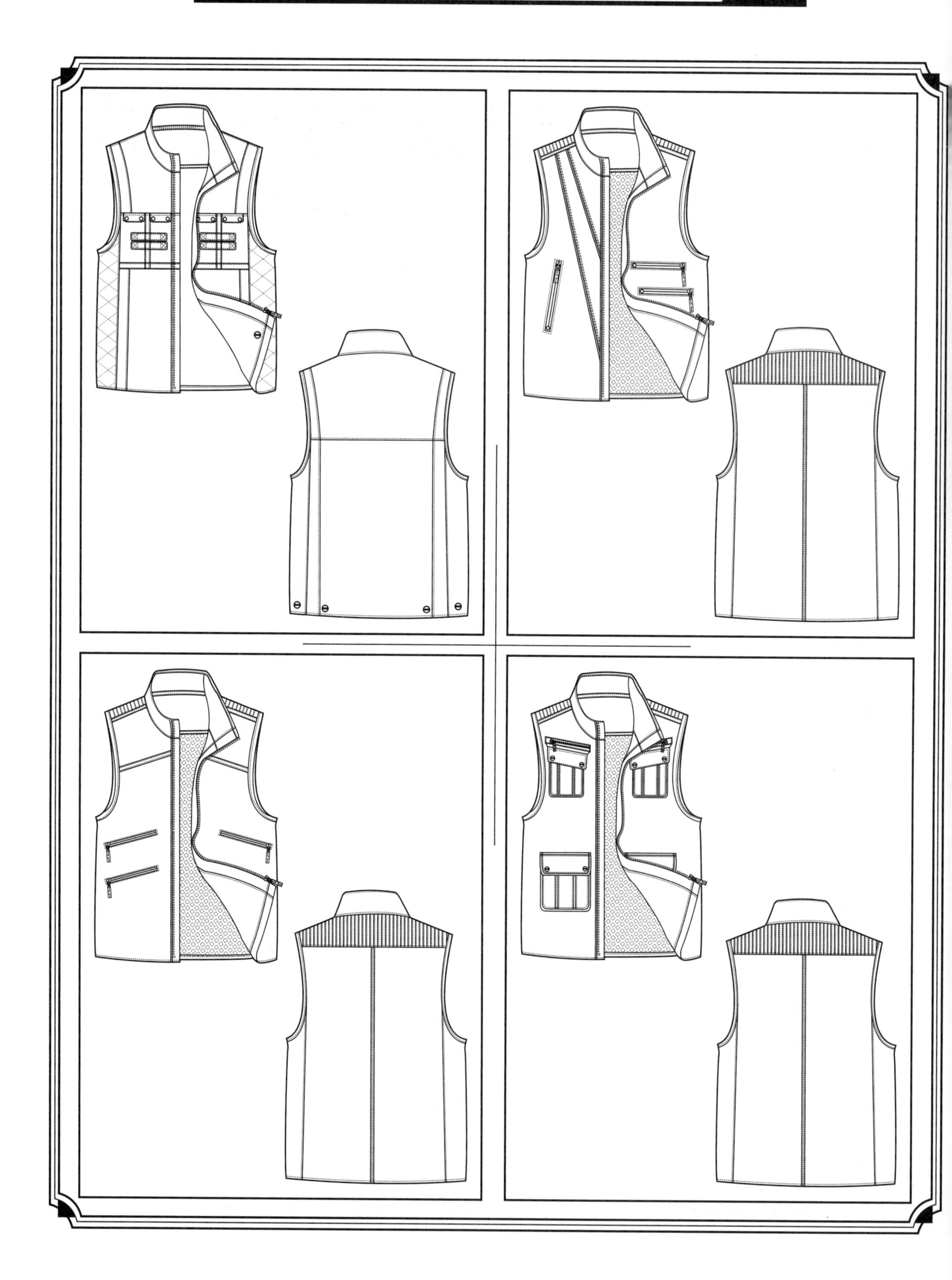

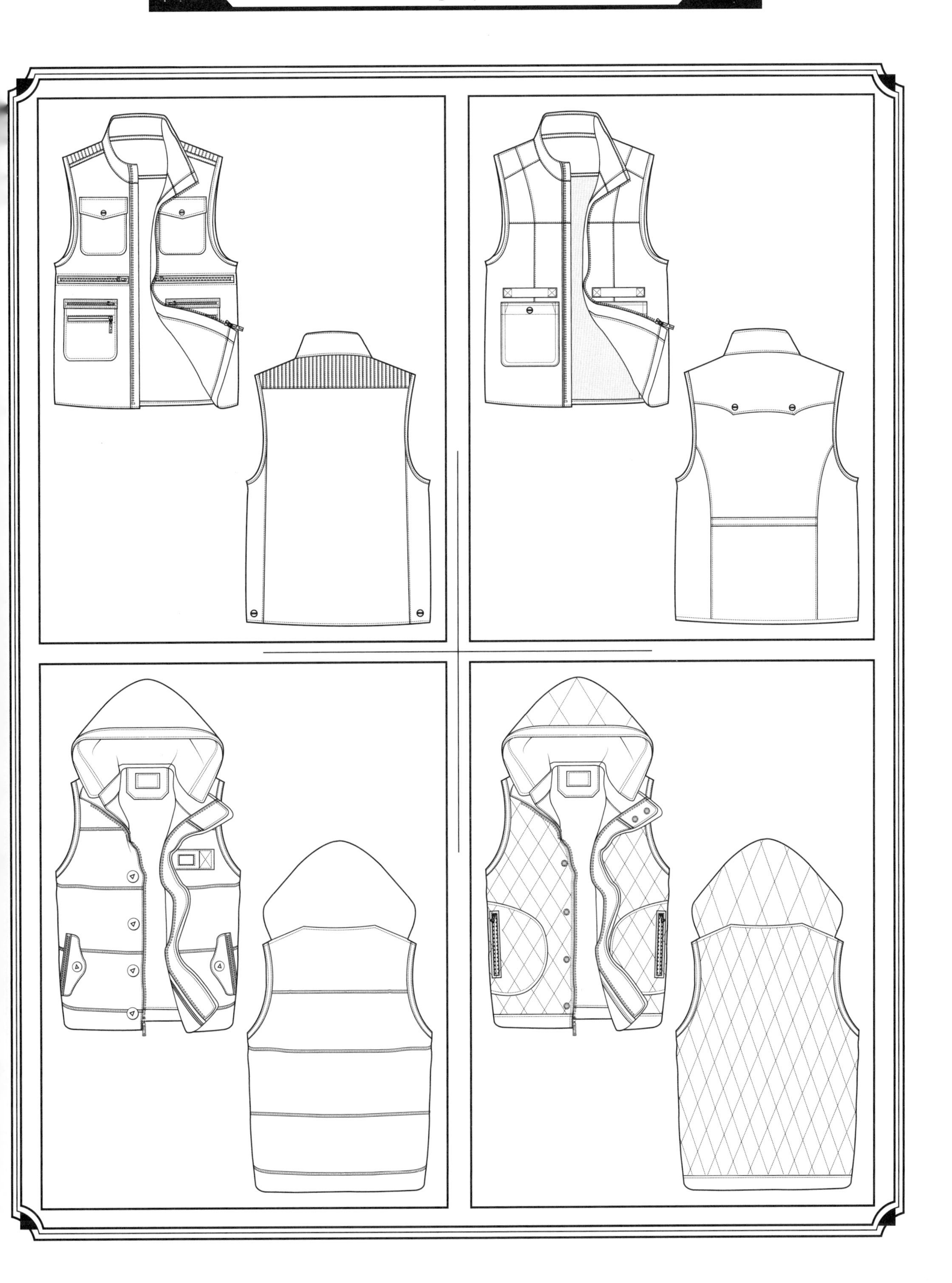

Mentour

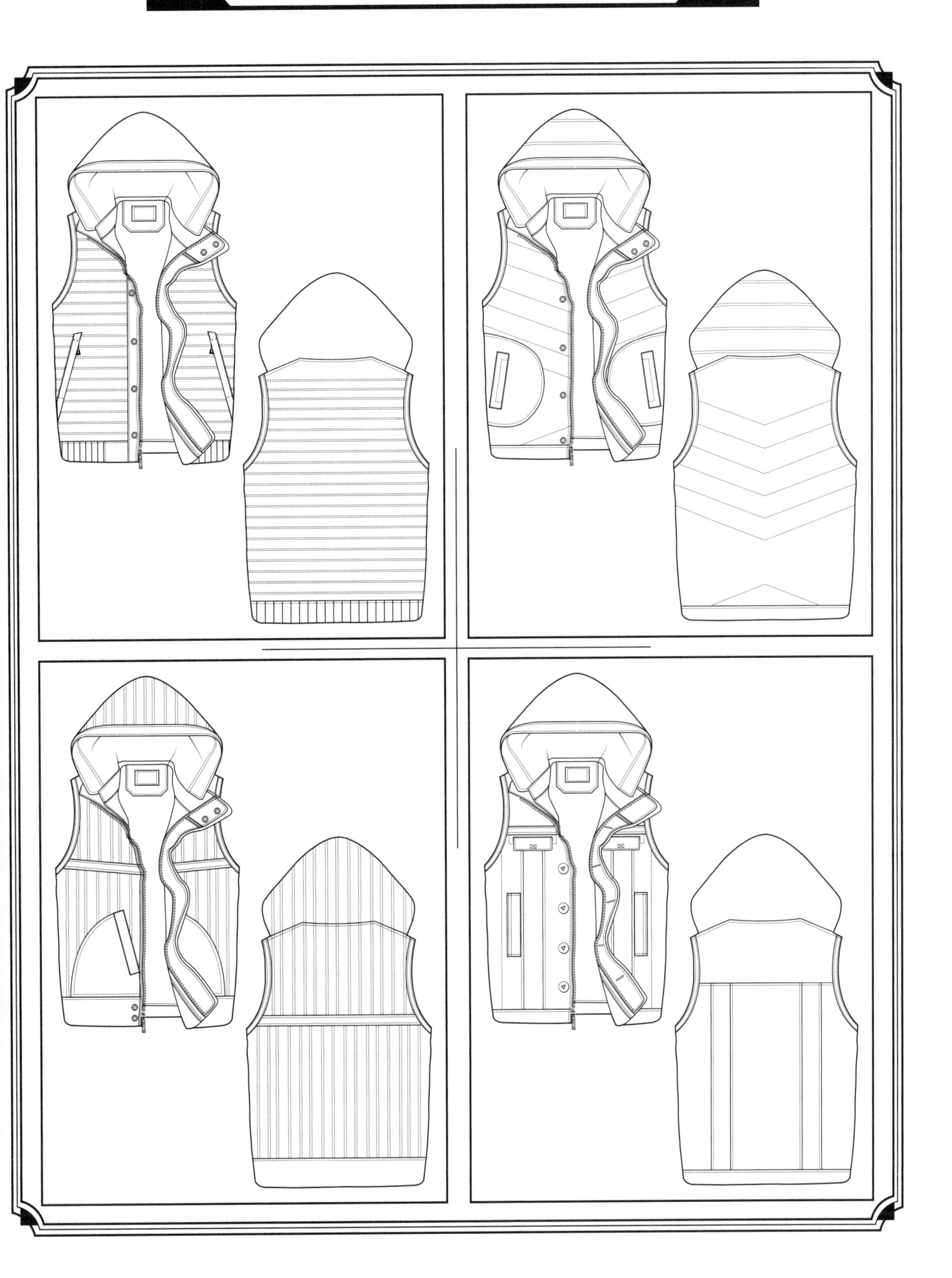

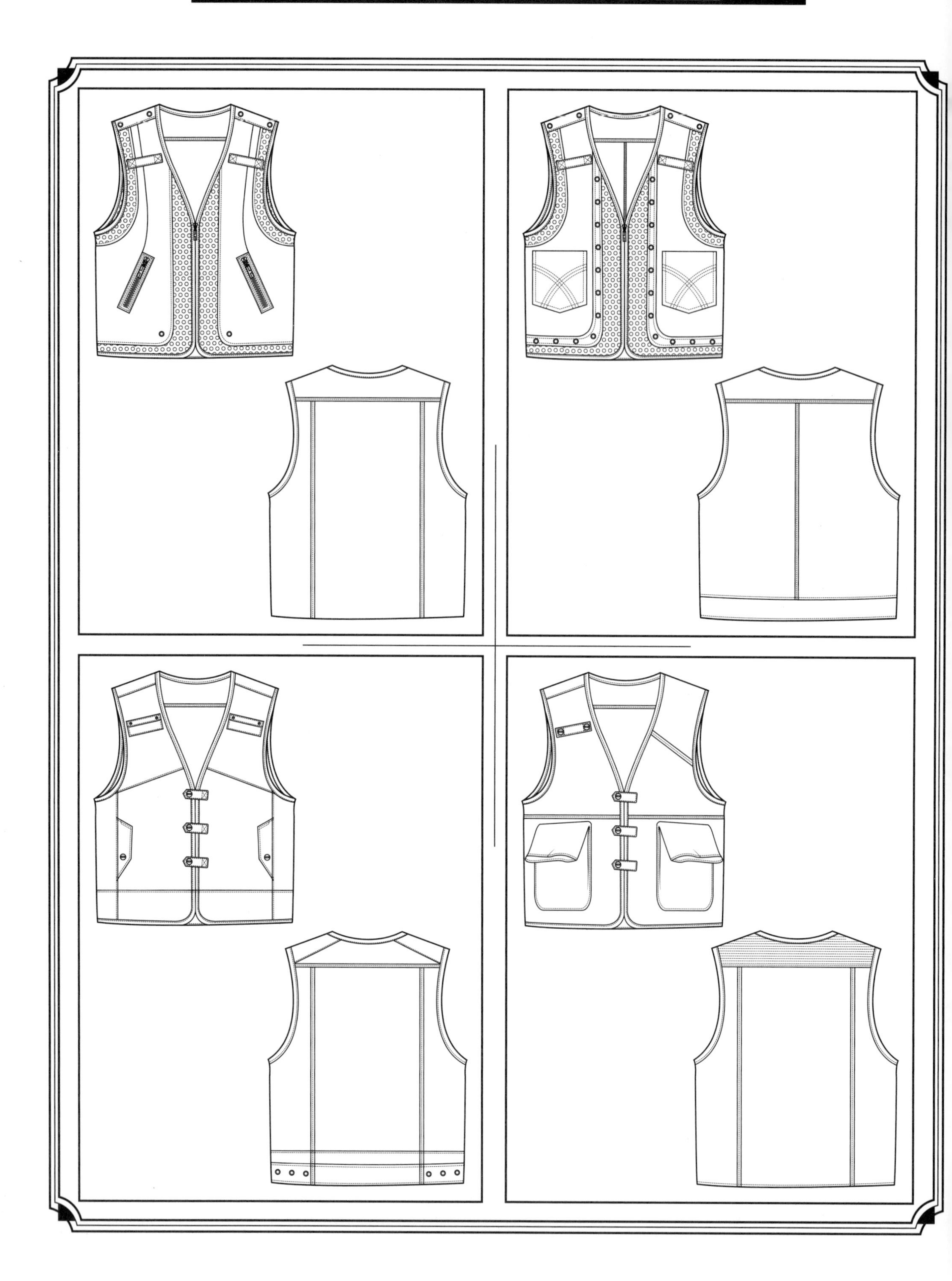

CHAPTER 6

夹克

本单元的服装品类为夹克，夹克是英文“Jacket”的音译，是一种短款的外套服装，前身有门襟可以打开，长度一般至臀部附近。夹克的具体款式包括：飞行夹克、棒球衫、商务夹克、运动夹克、牛仔夹克、机车夹克等多个品类。

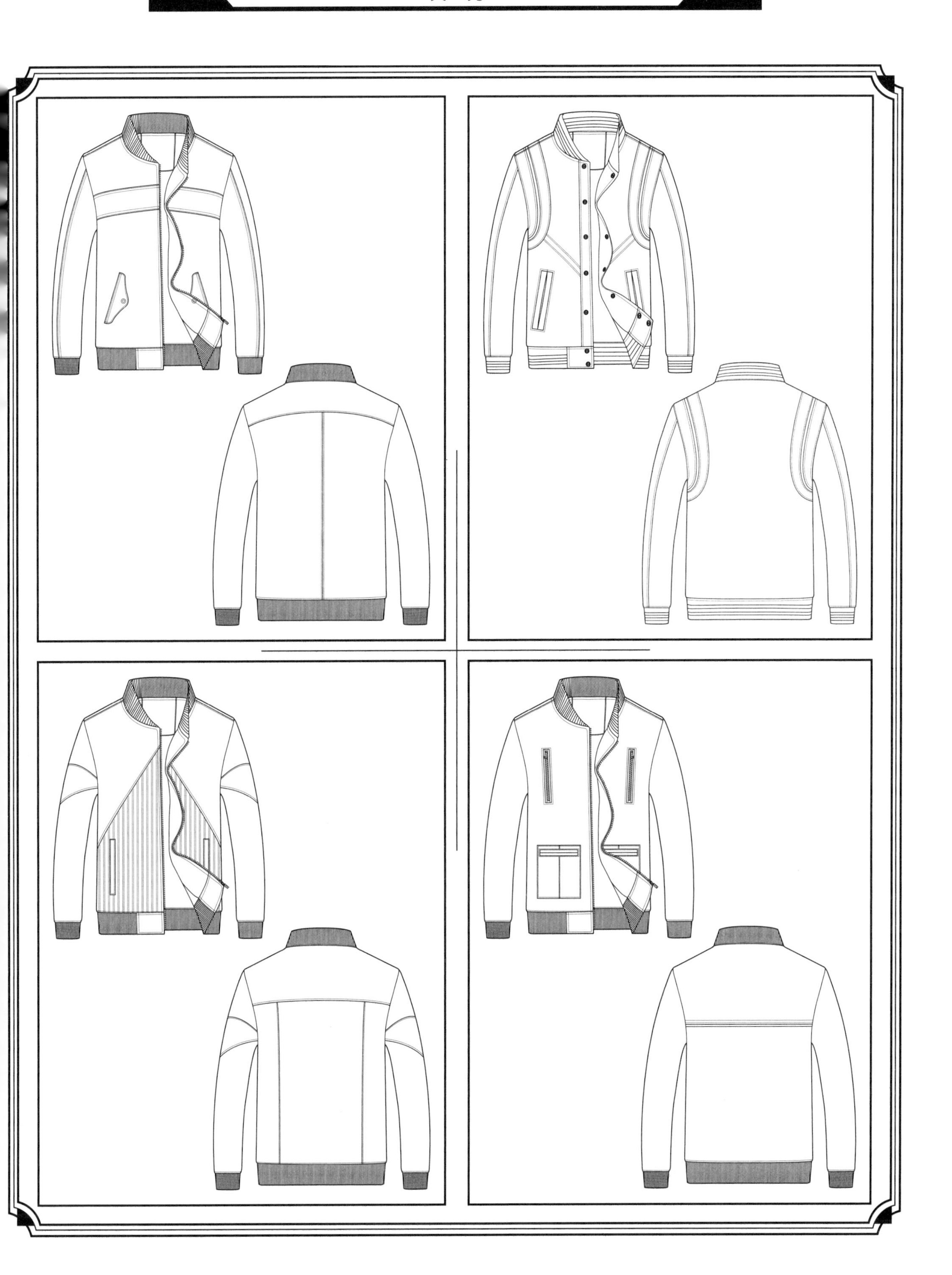

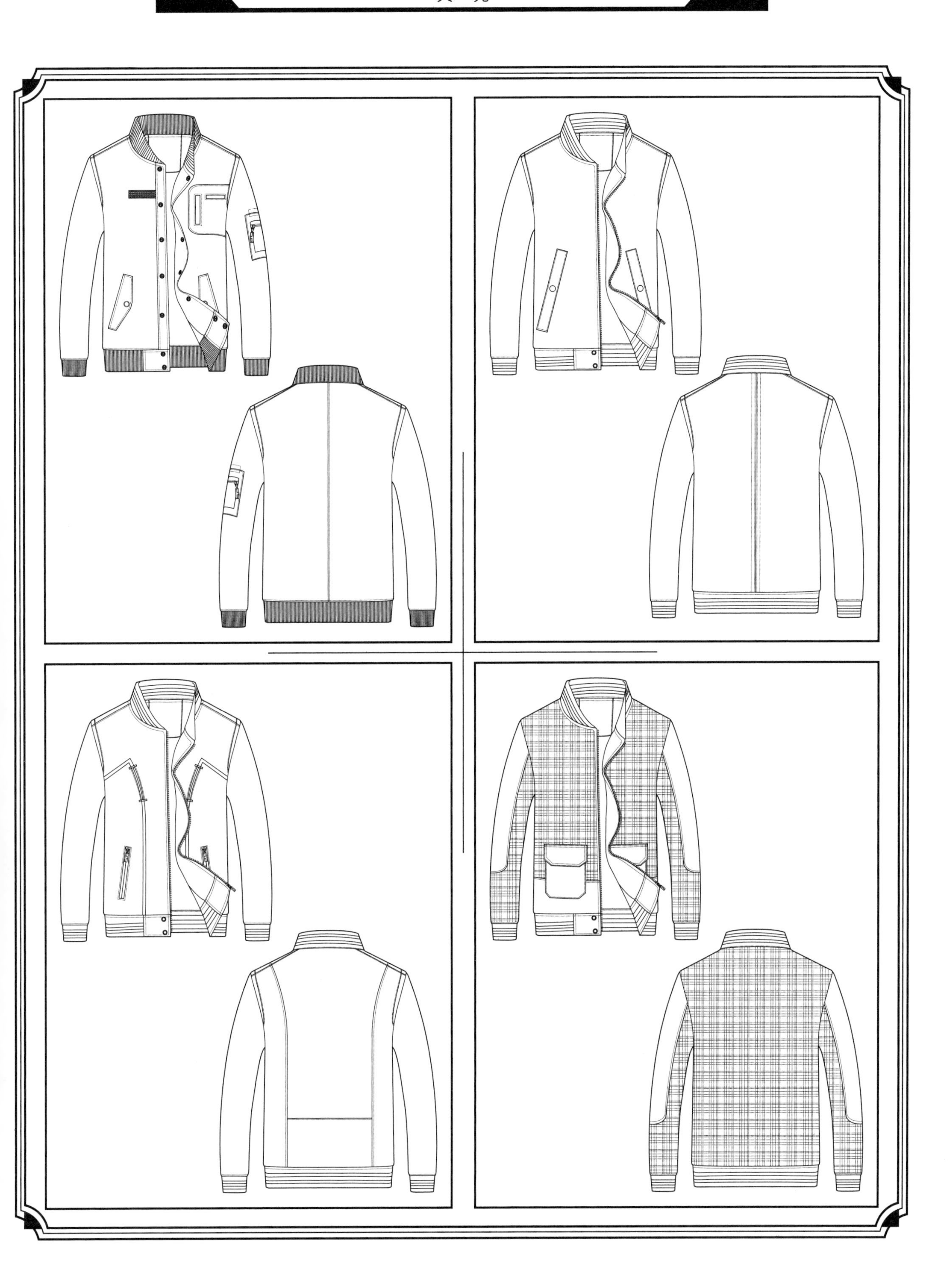

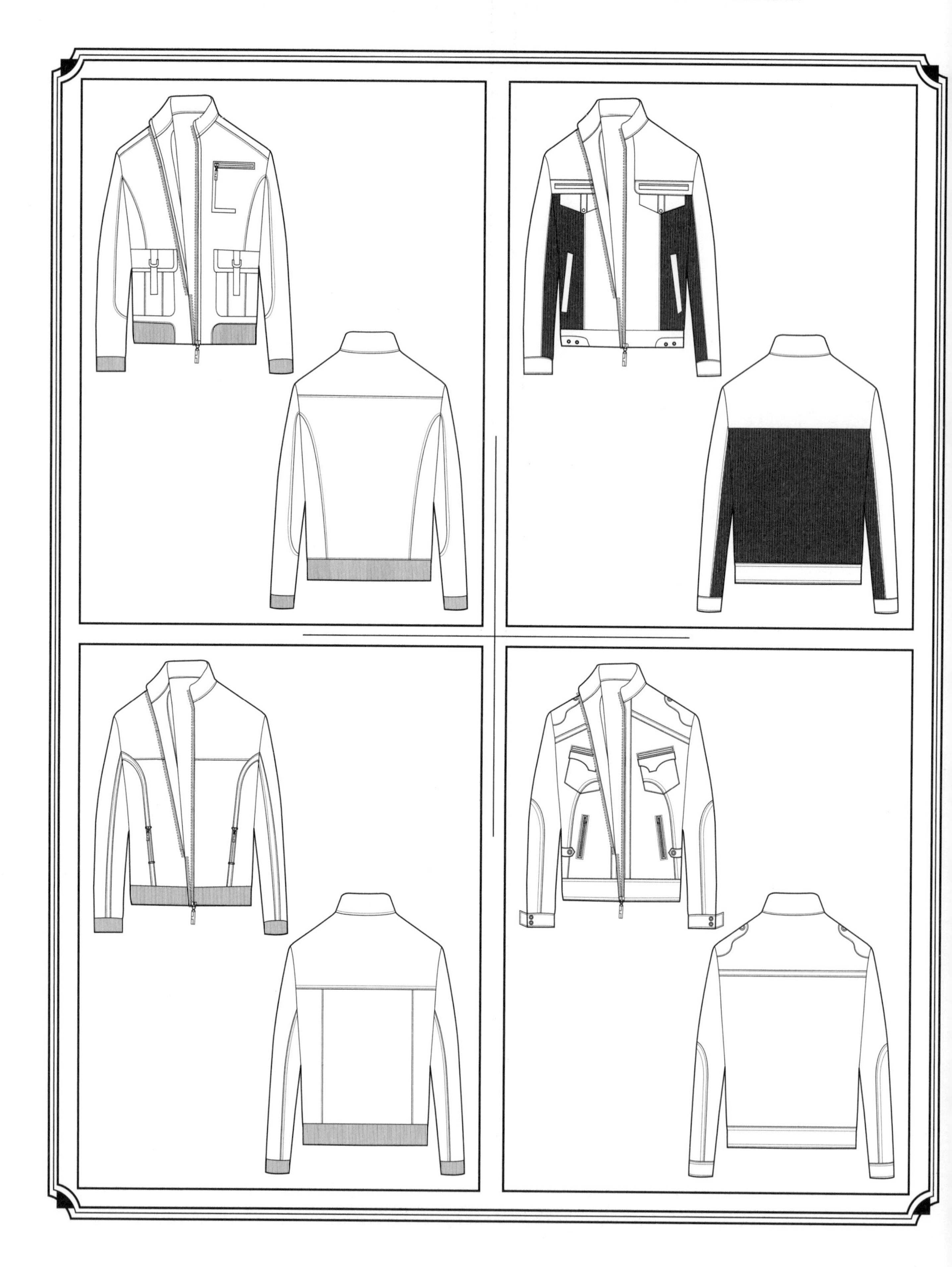

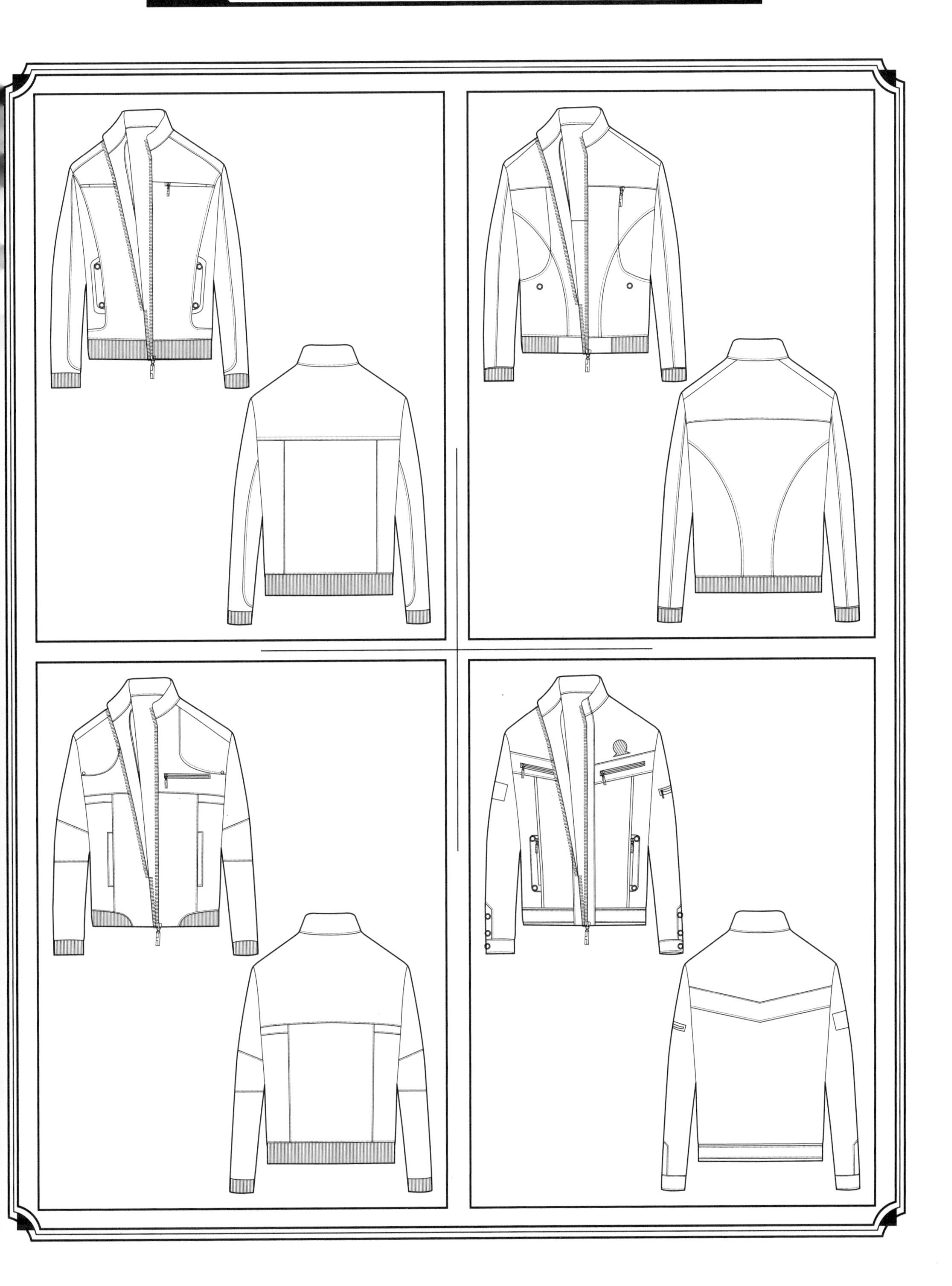

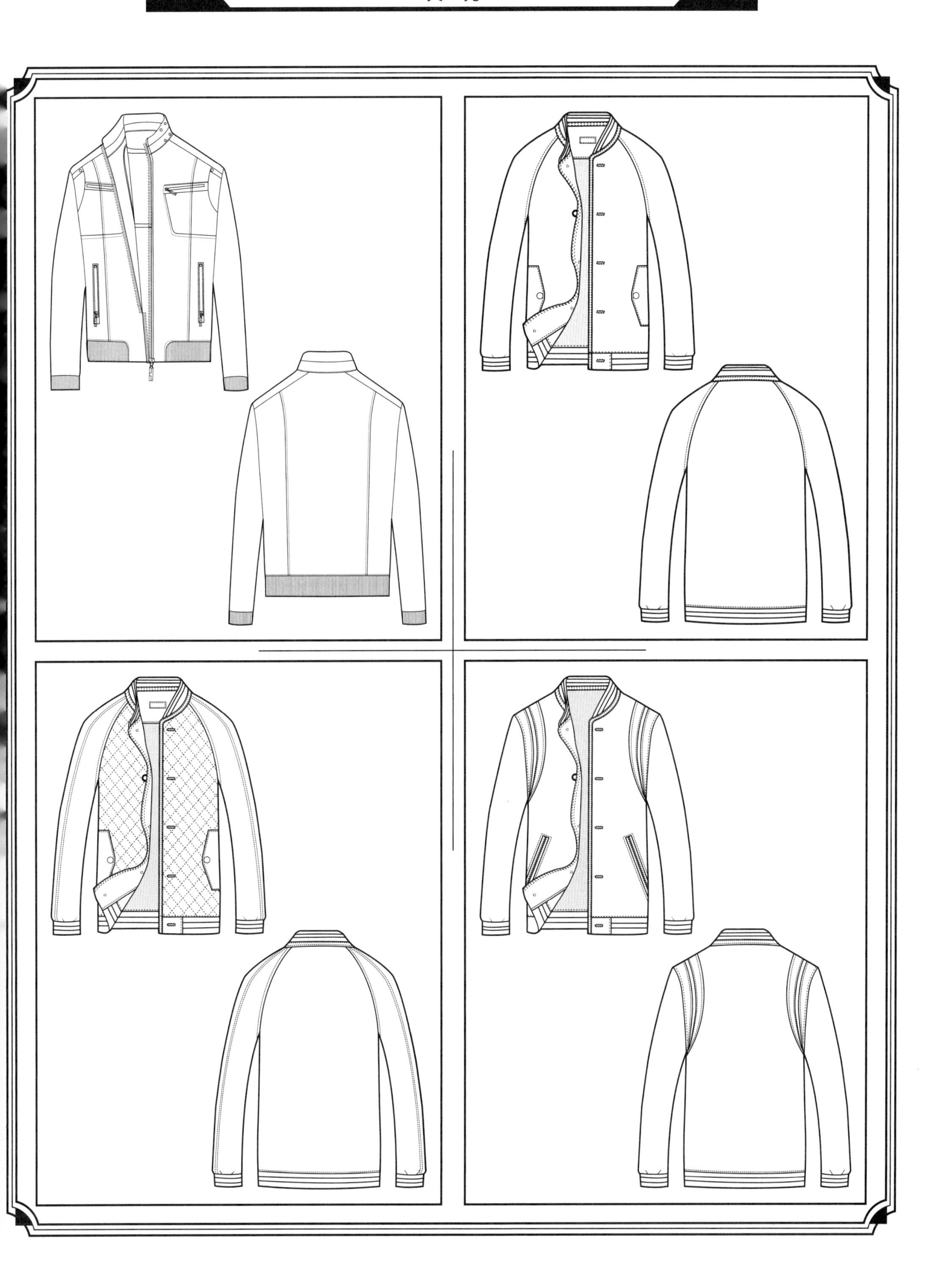

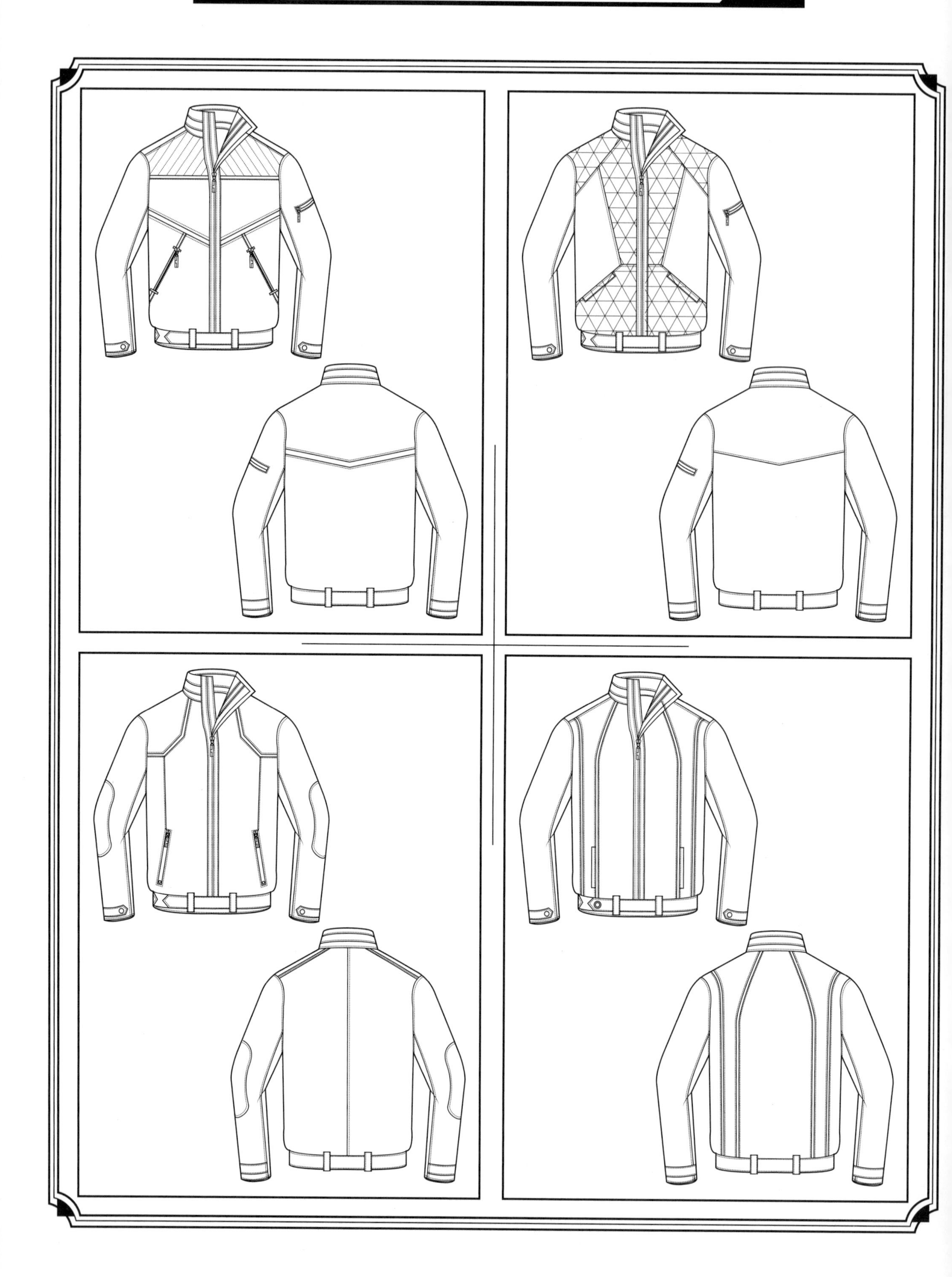

CHAPTER 7

风衣

本单元的服装品类为风衣，指一种能遮风、挡雨、御寒的多功能日用长外衣，是外套的一类。风衣也称风雨衣，它改良自19世纪50年代，是设计给军官士兵所穿着的雨衣，所以在美式口语中，风衣也直接被称为“Raincoat”。风衣在腰部一般配有腰带，而在它的发明之初是没有腰带的。

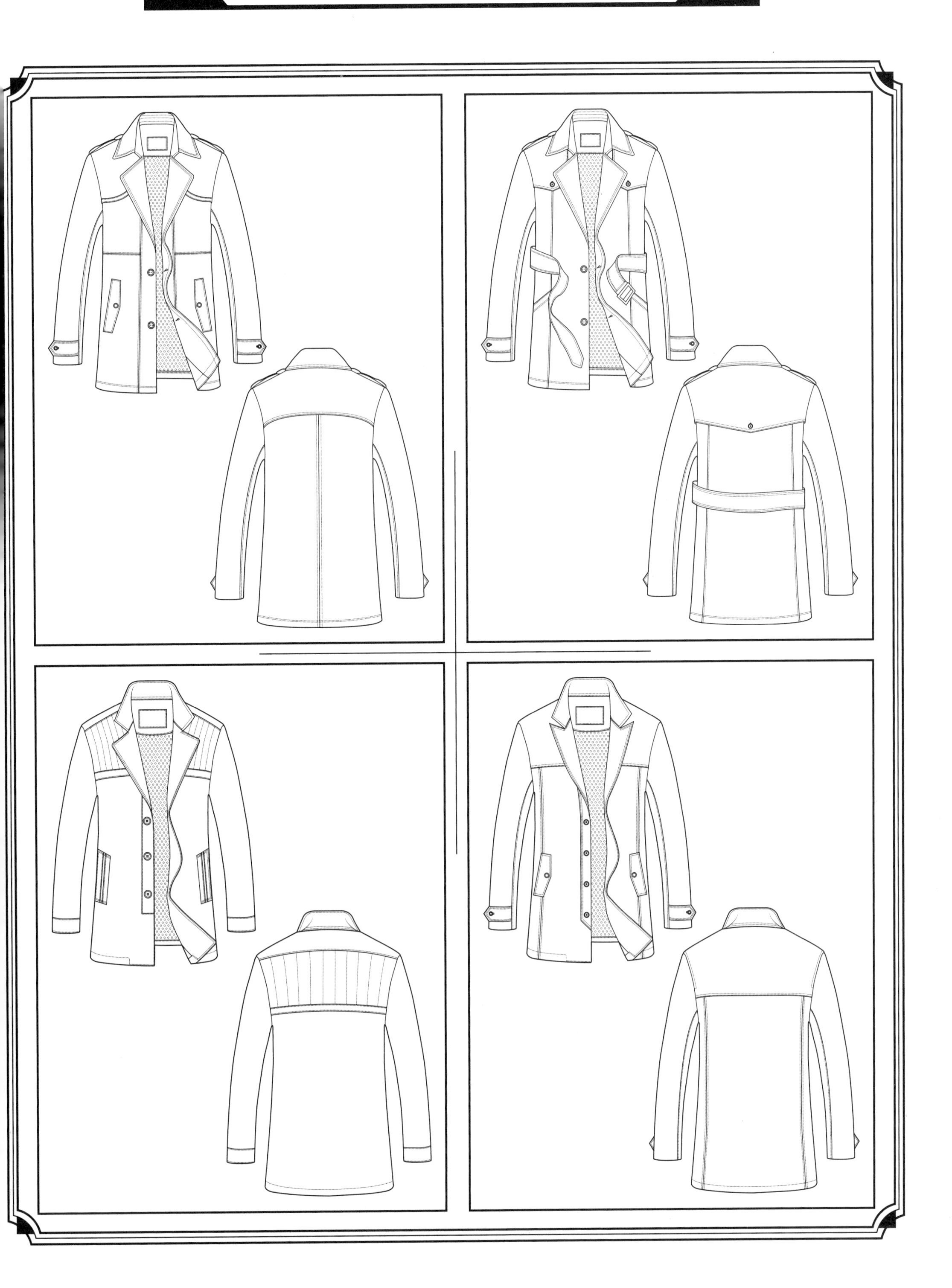

CHAPTER 8

防寒服装

本单元的服装品类为防寒服装，以保暖材料来分，常见的有三类：棉衣、派克式大衣、羽绒服。棉衣、羽绒服是为了御寒，中间絮了棉花或填充羽绒以防寒保温。派克式大衣则使用动物皮毛作为保暖材料。

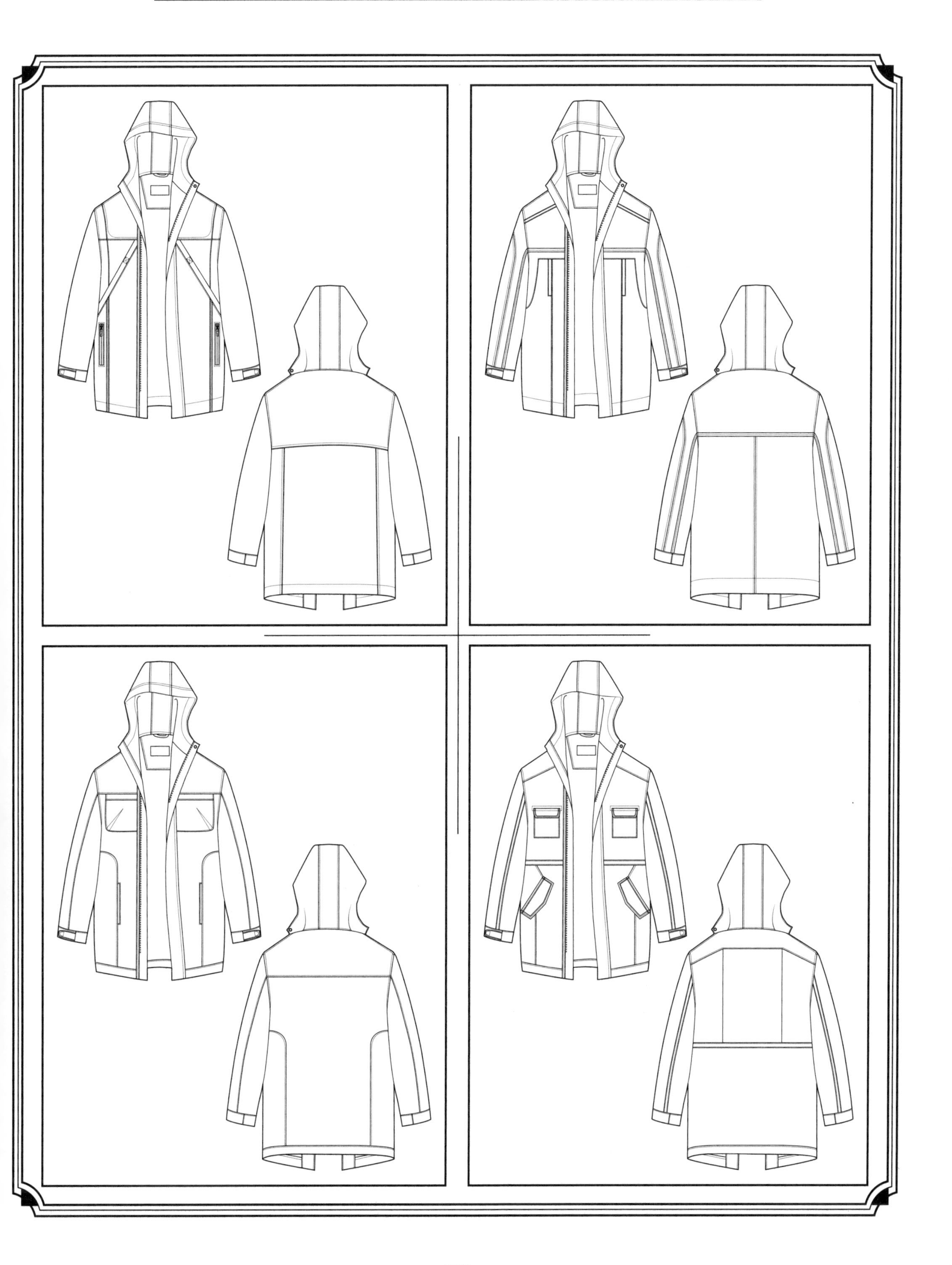

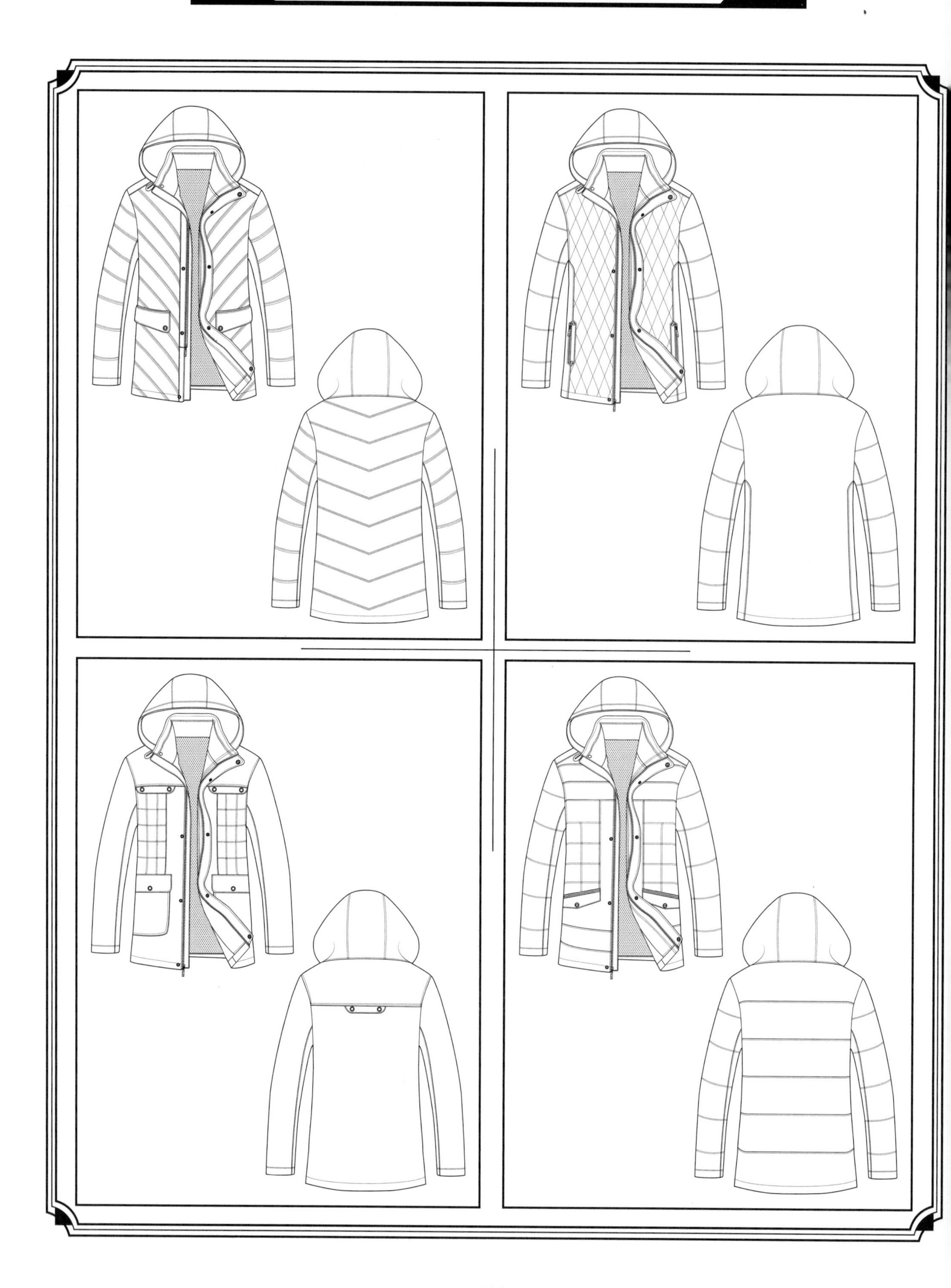

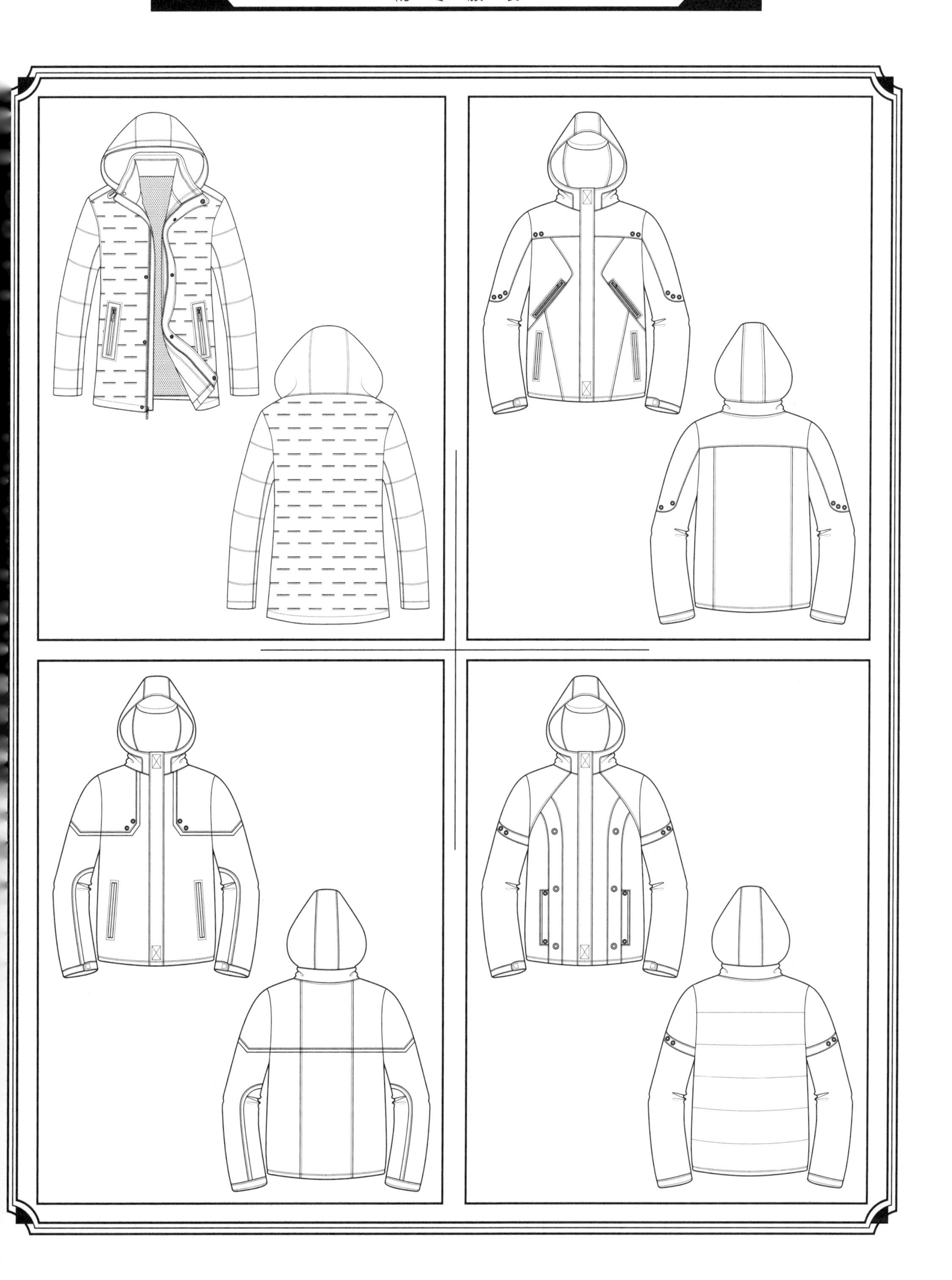

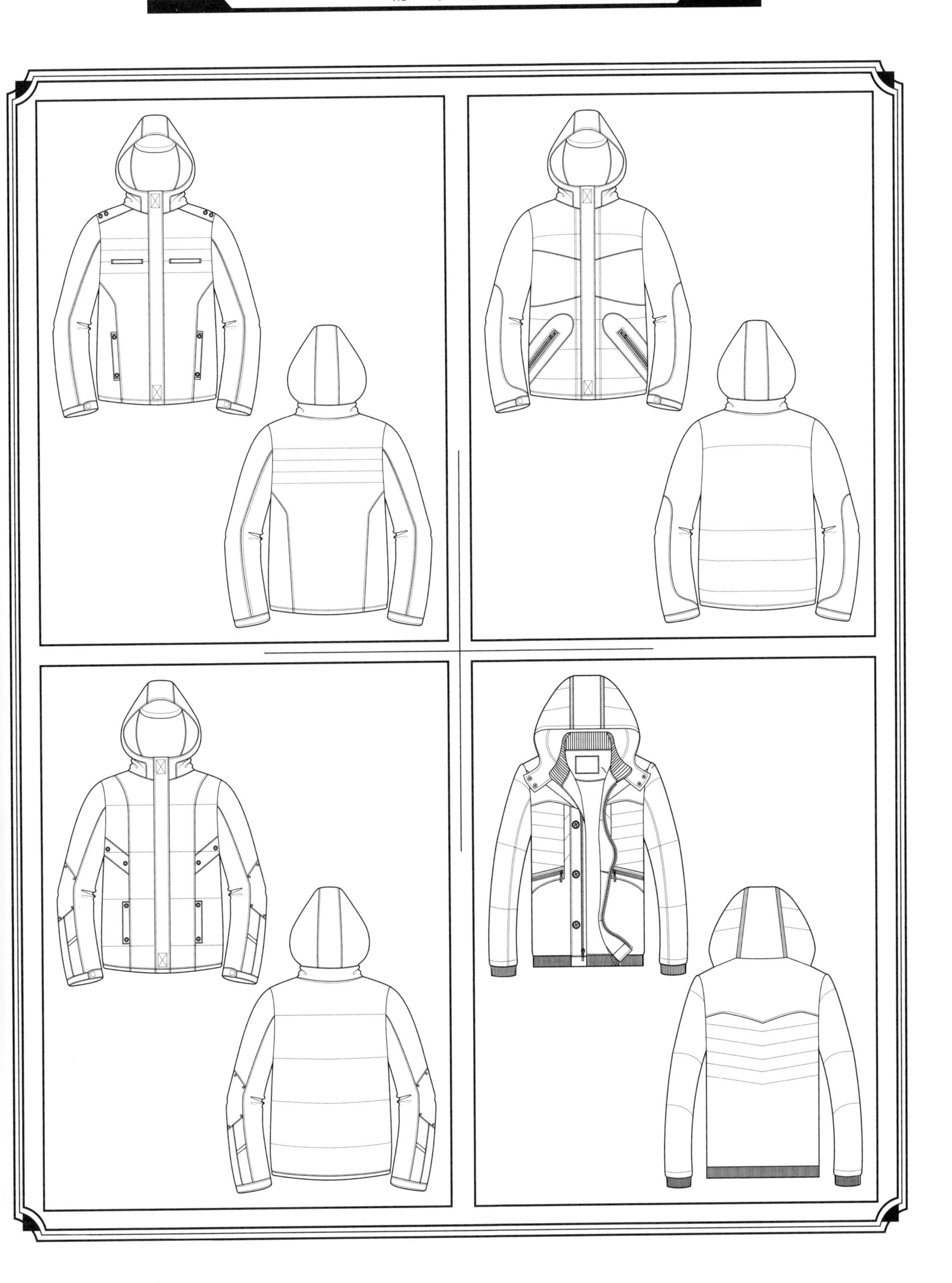

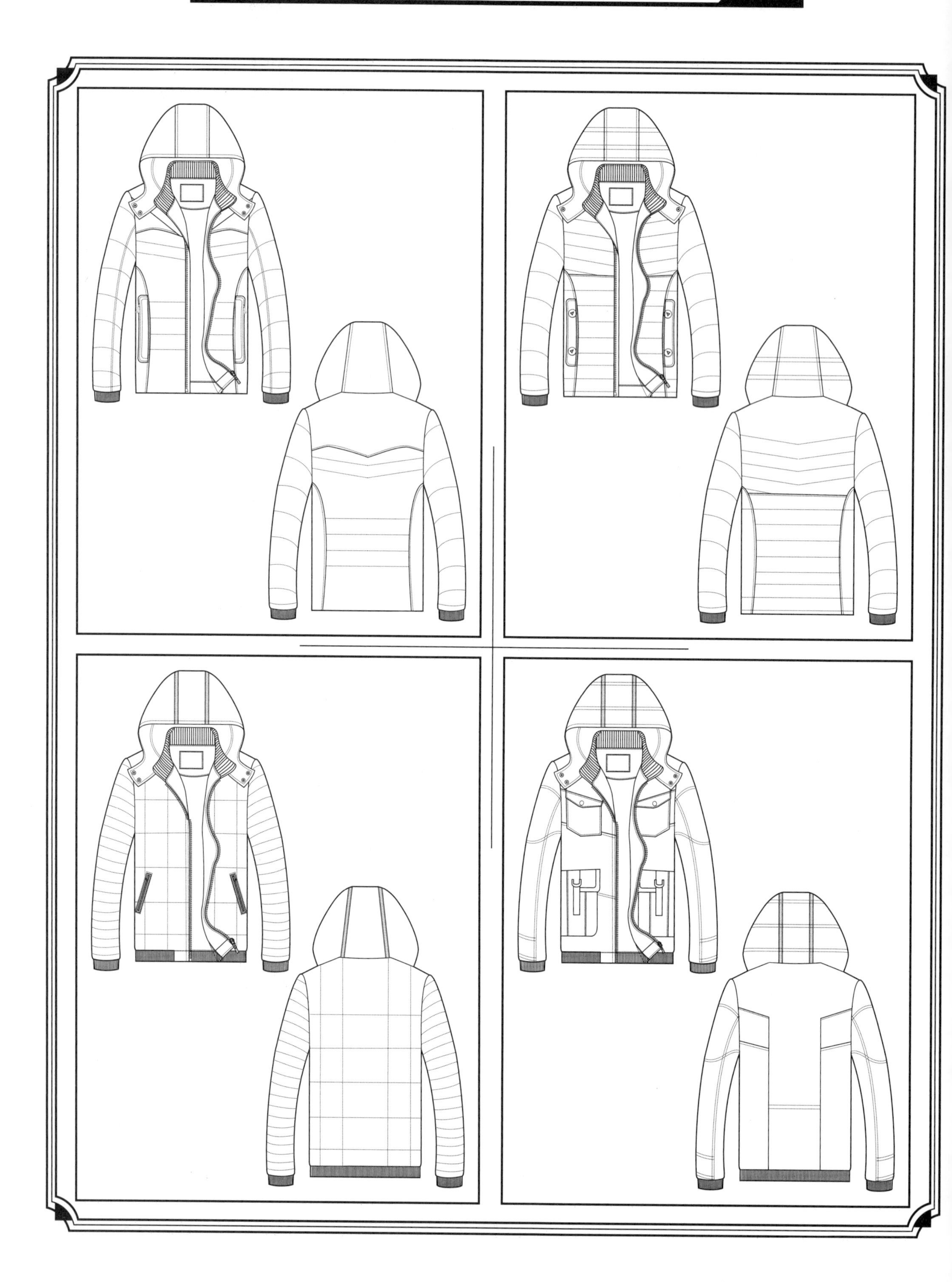

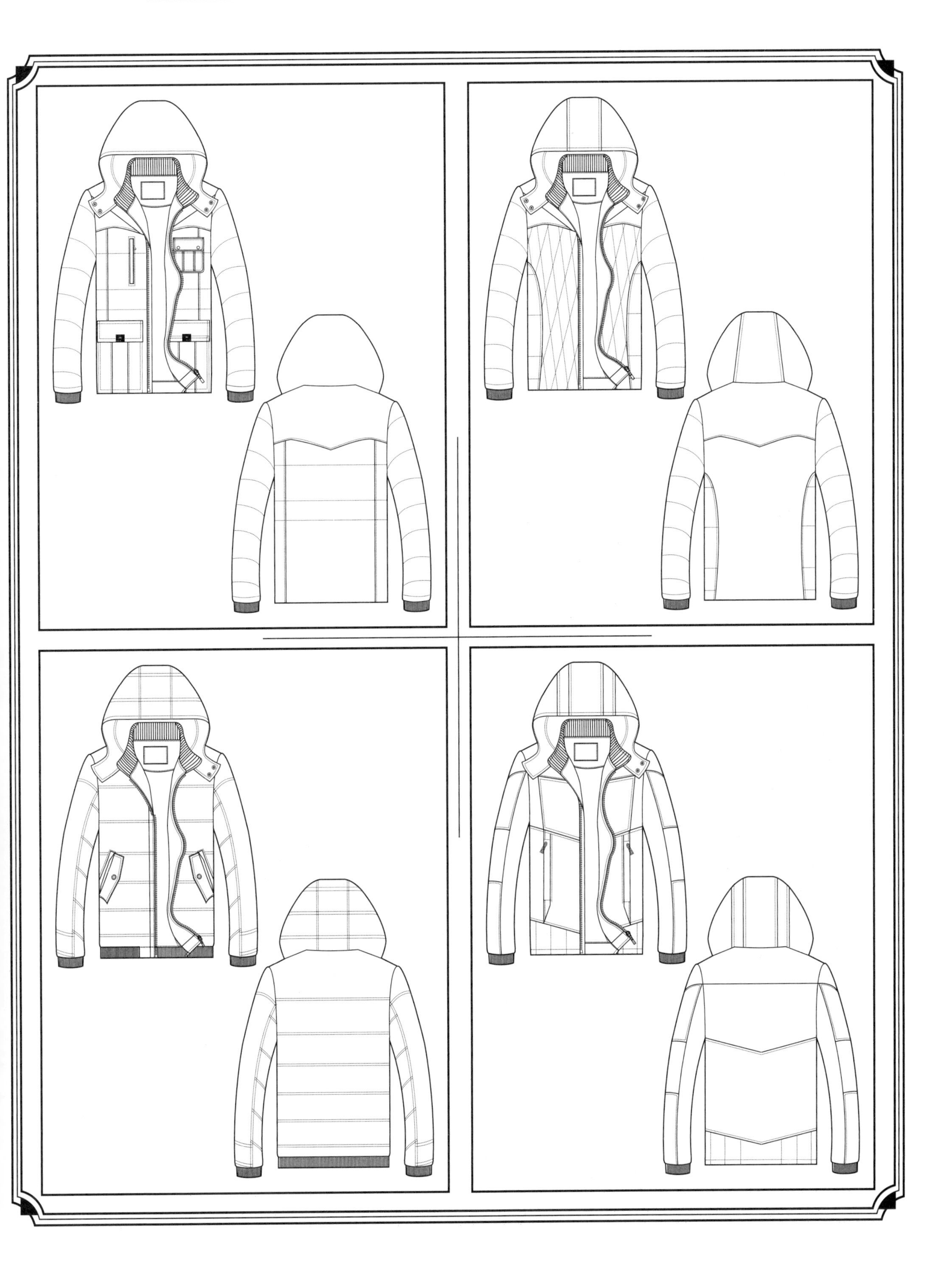

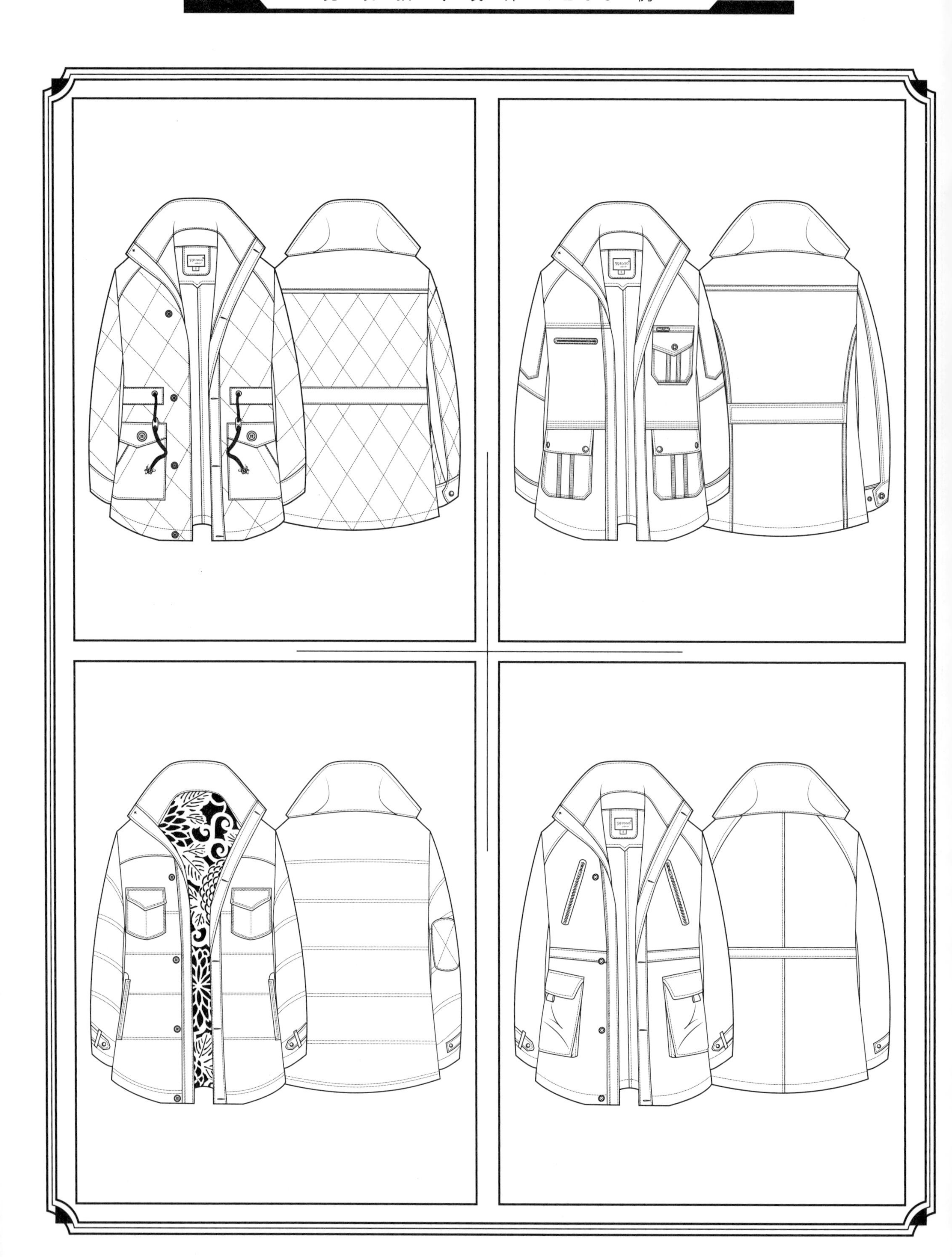

CHAPTER 9

户外服装

本单元的服装品类为户外服装。户外环境复杂多变，为抵御恶劣环境对人体的伤害，保护身体热量不散失以及快速排出运动时所产生的汗水，户外服装是进行登山、攀岩及其他户外运动时适宜穿着的户外服装。

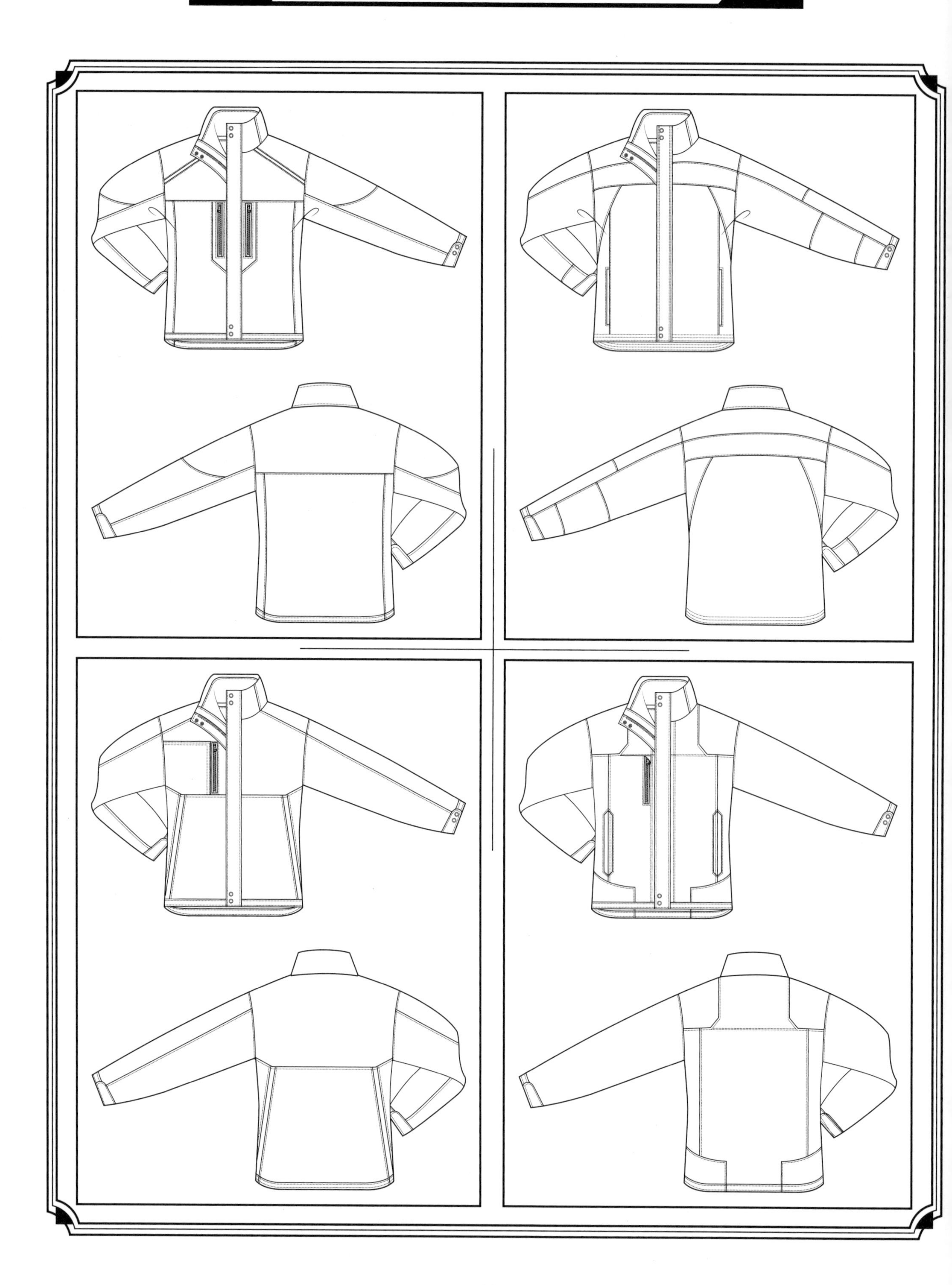

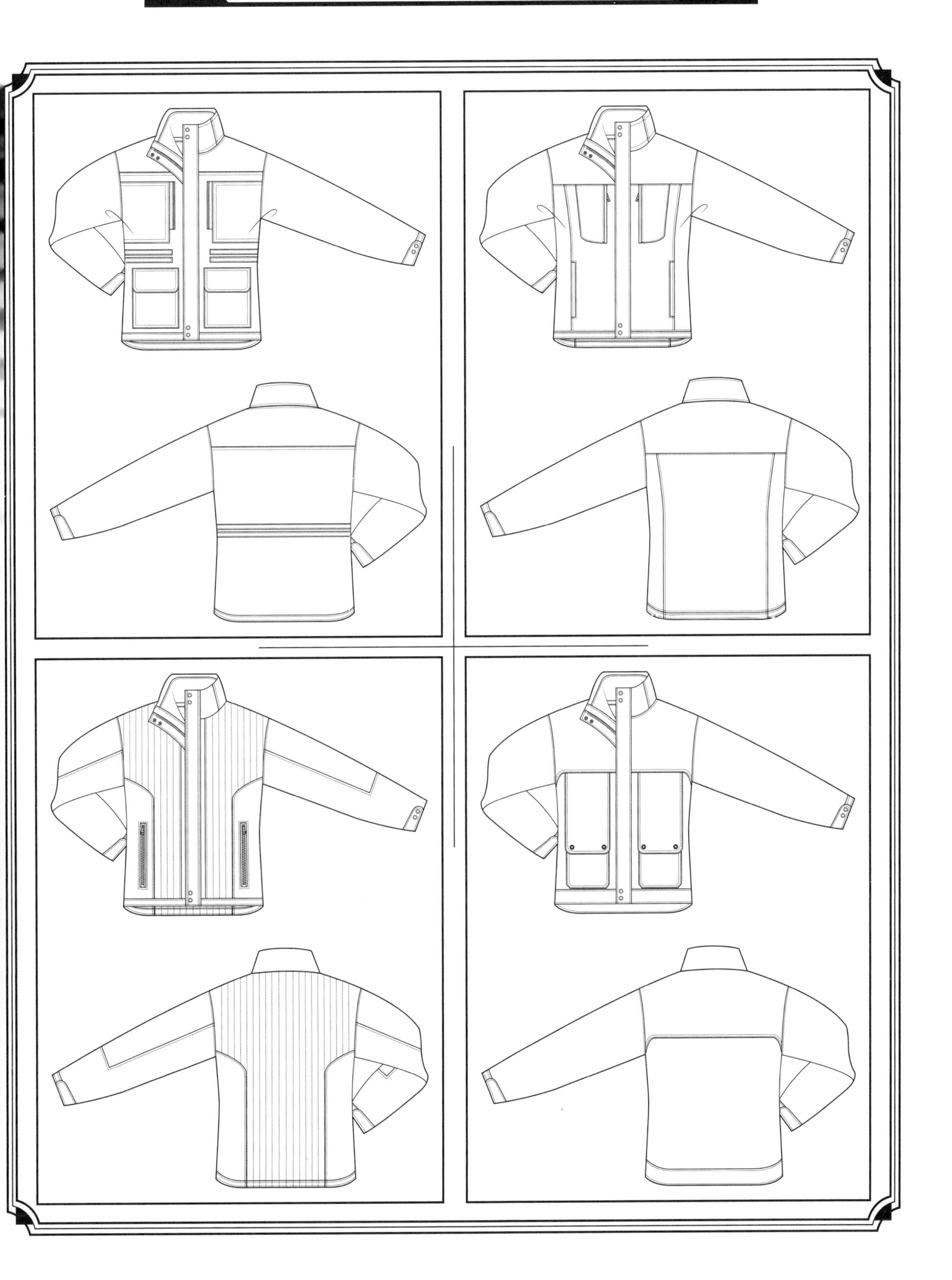

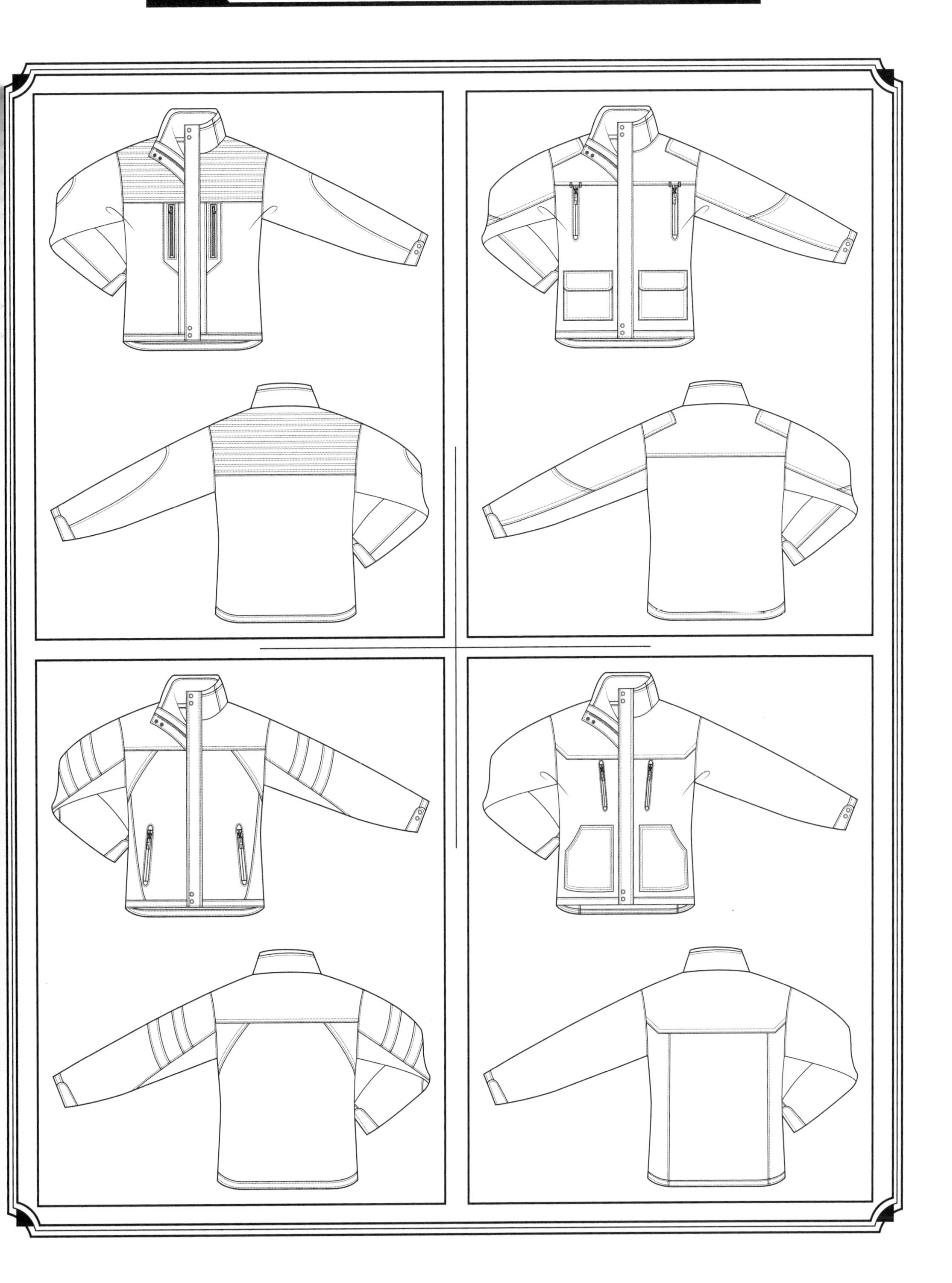

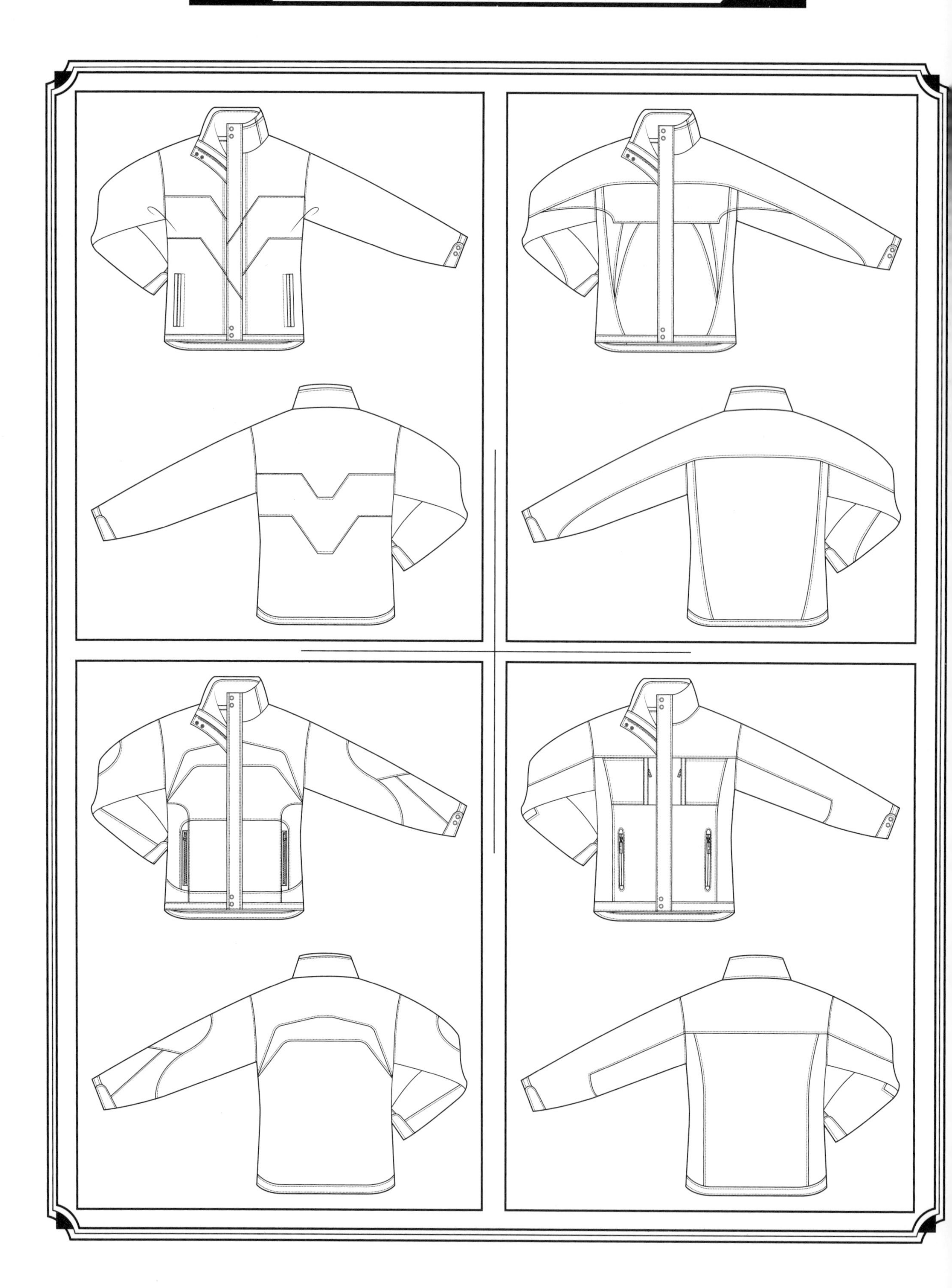

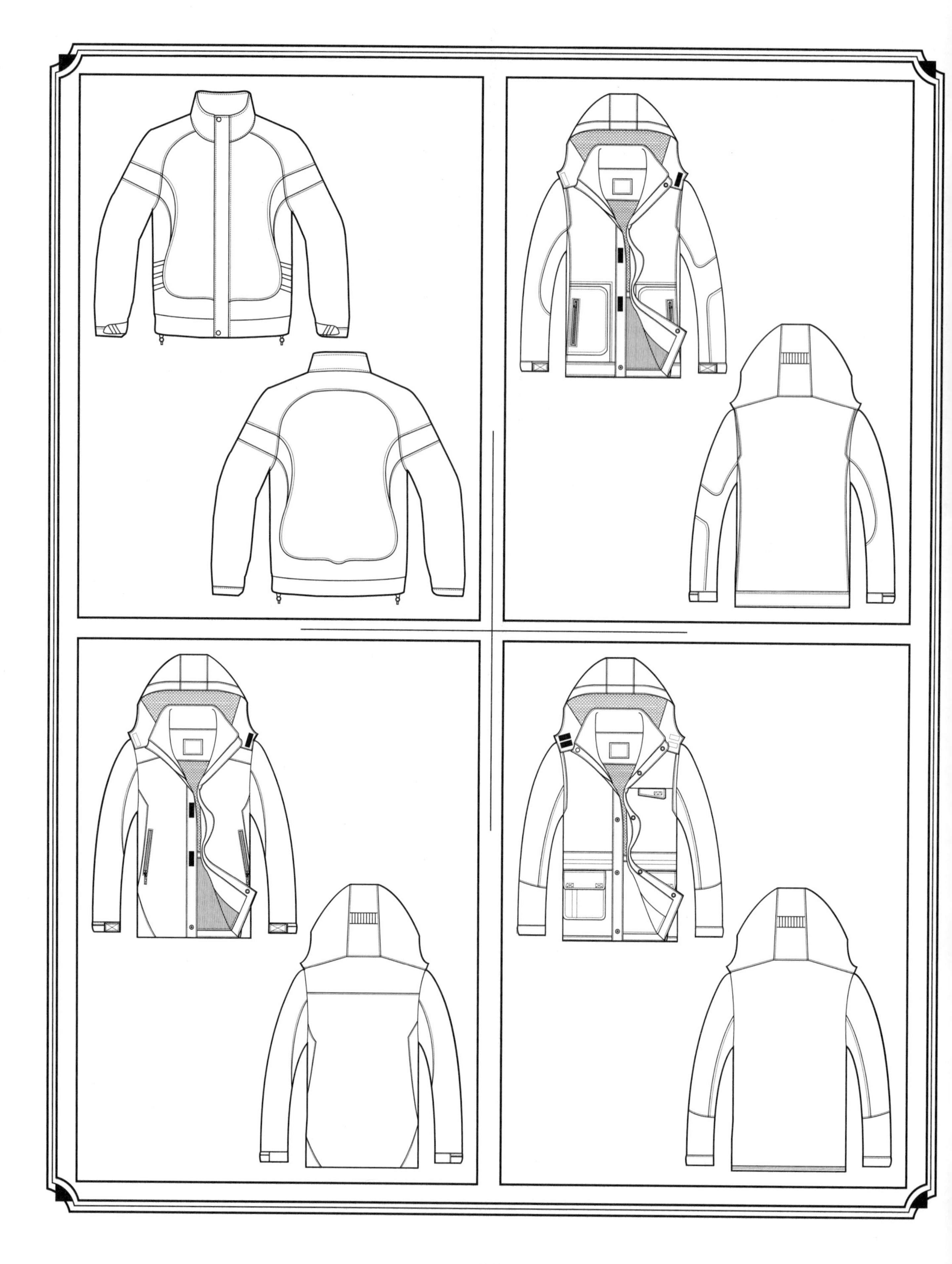

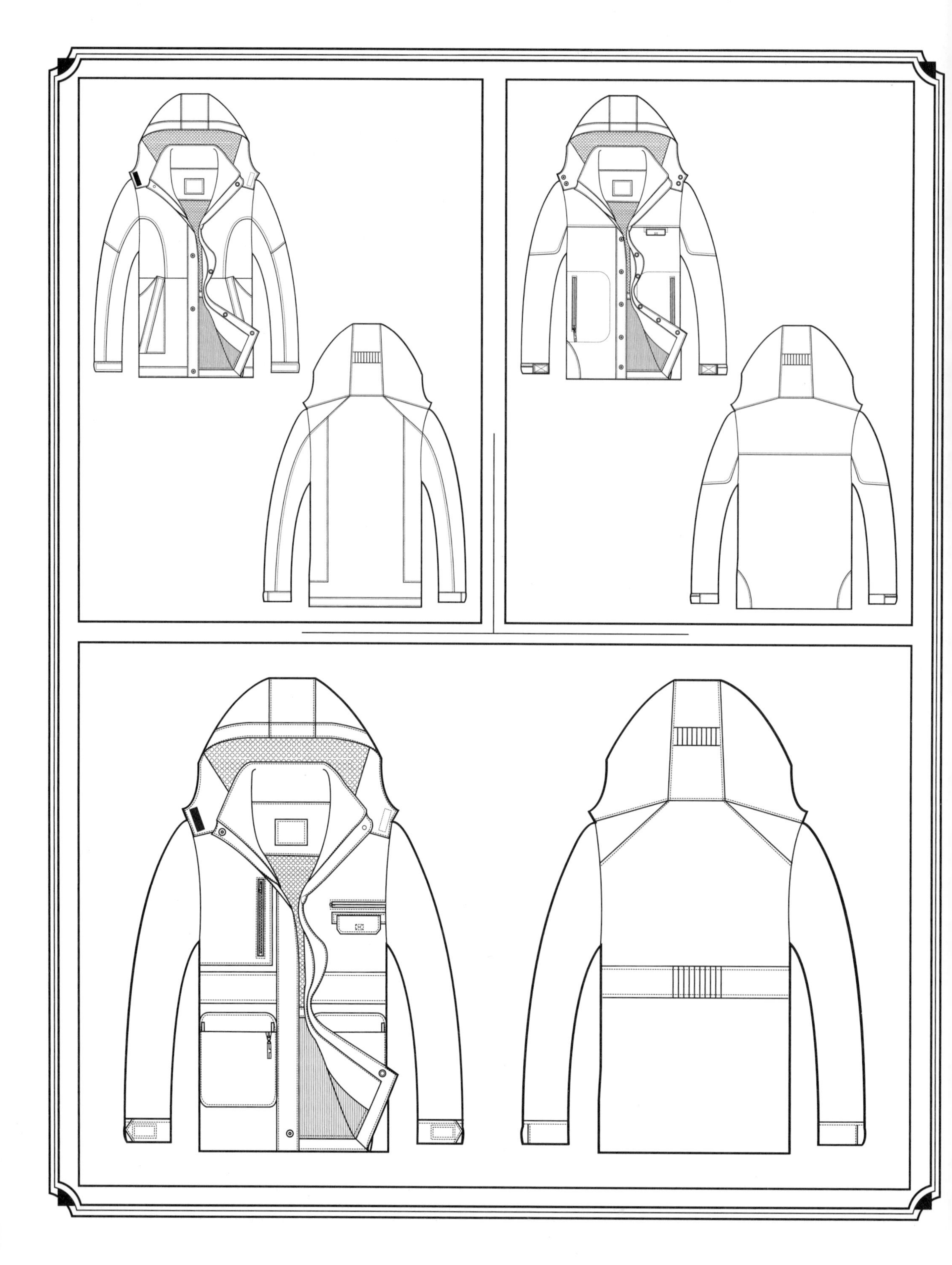

CHAPTER 10

品牌应用男装设计

本单元为适合品牌实践应用的男装款式设计，涵盖风衣、夹克等多品类男装。

FASHION
FASHION
FASHION
FASHION

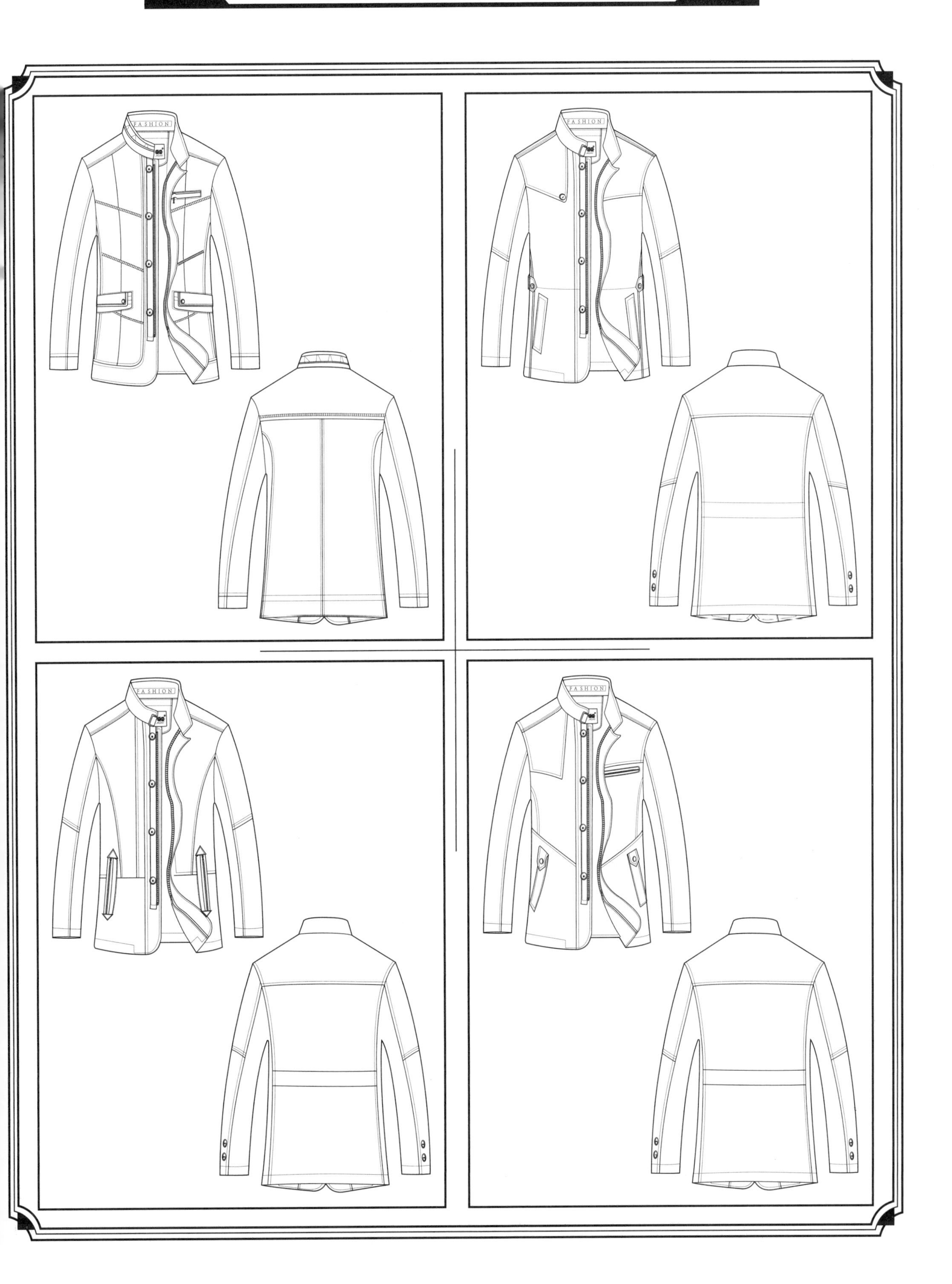
FASHION
FASHION
FASHION
FASHION

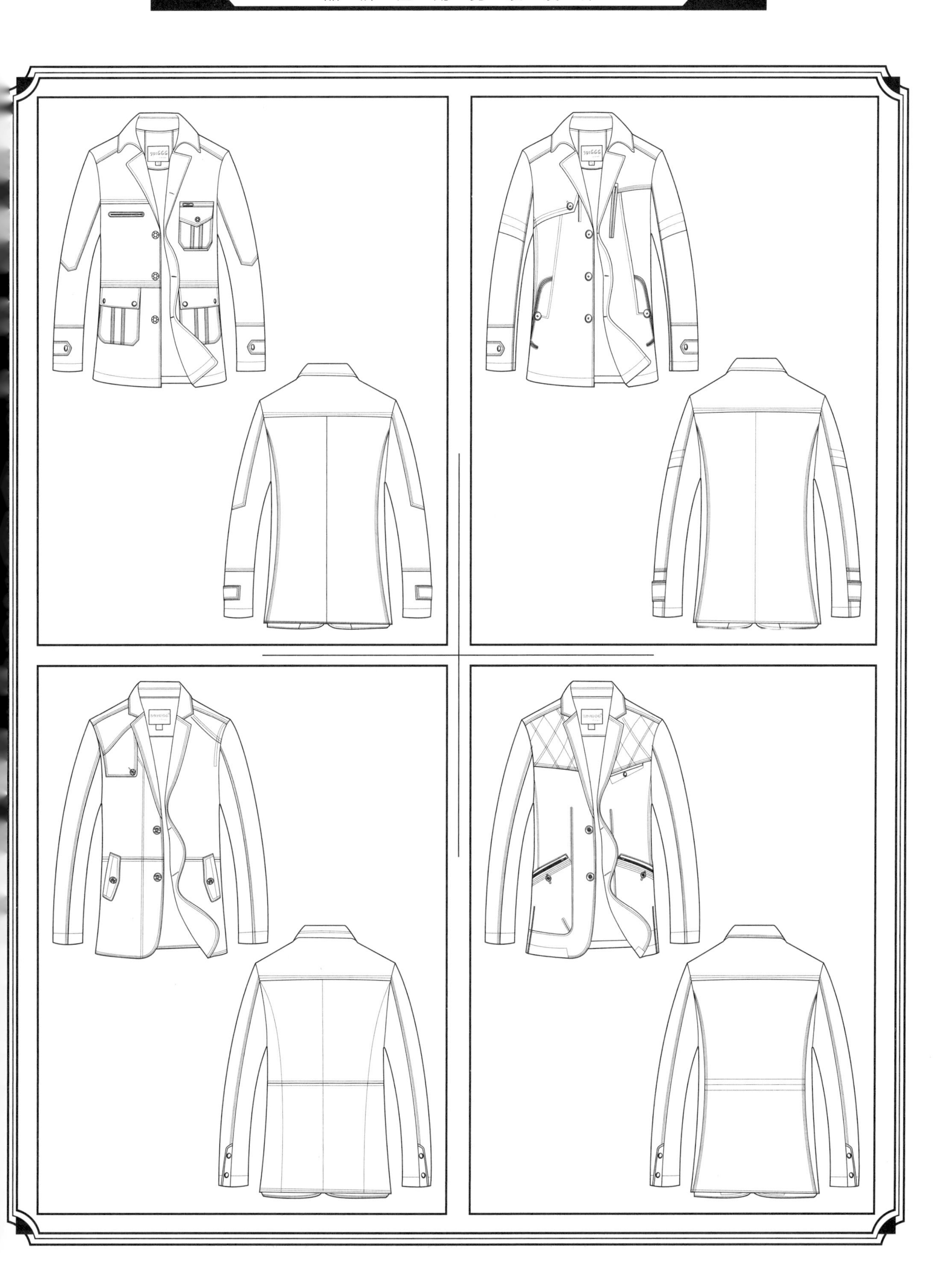

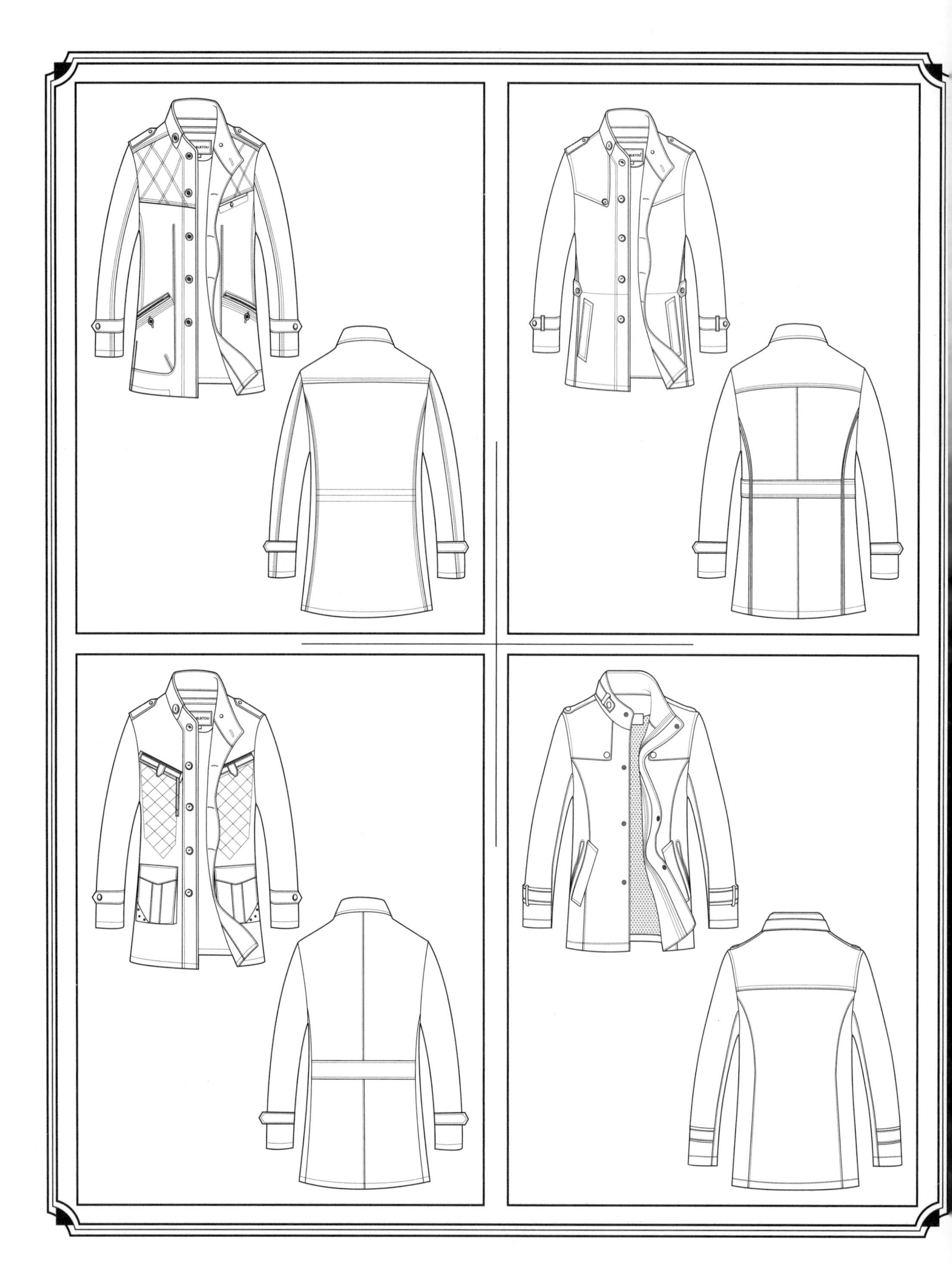

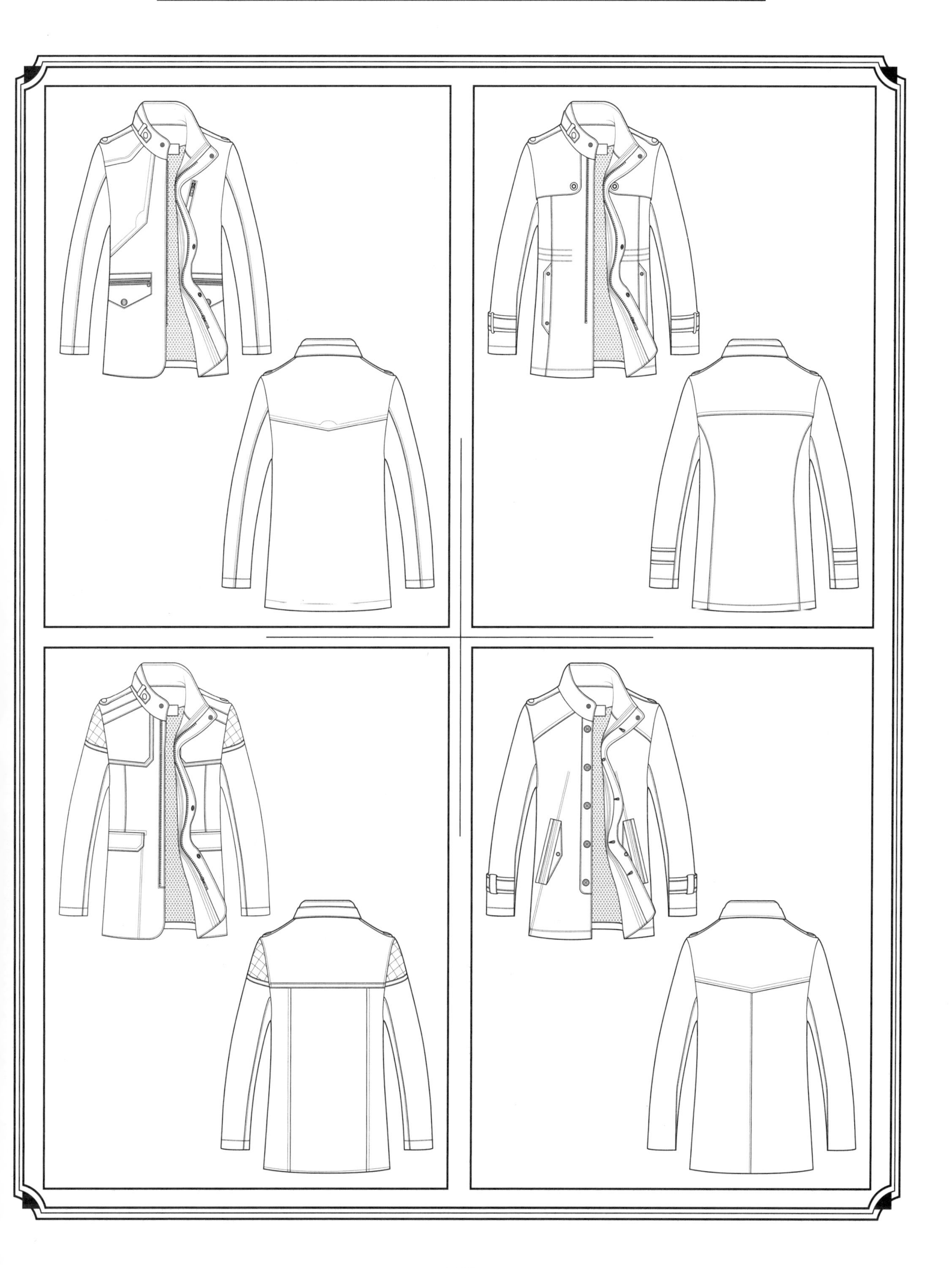

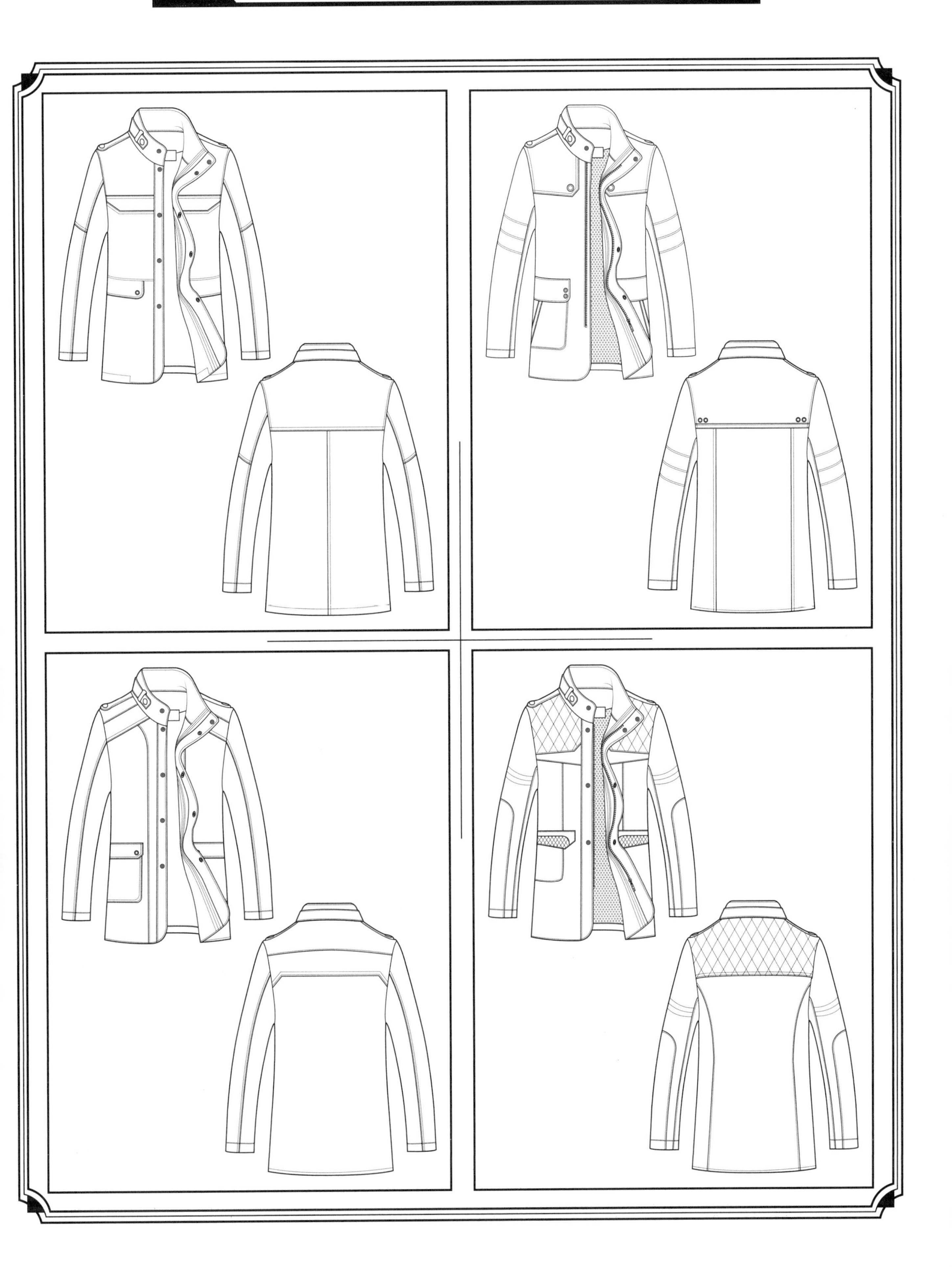

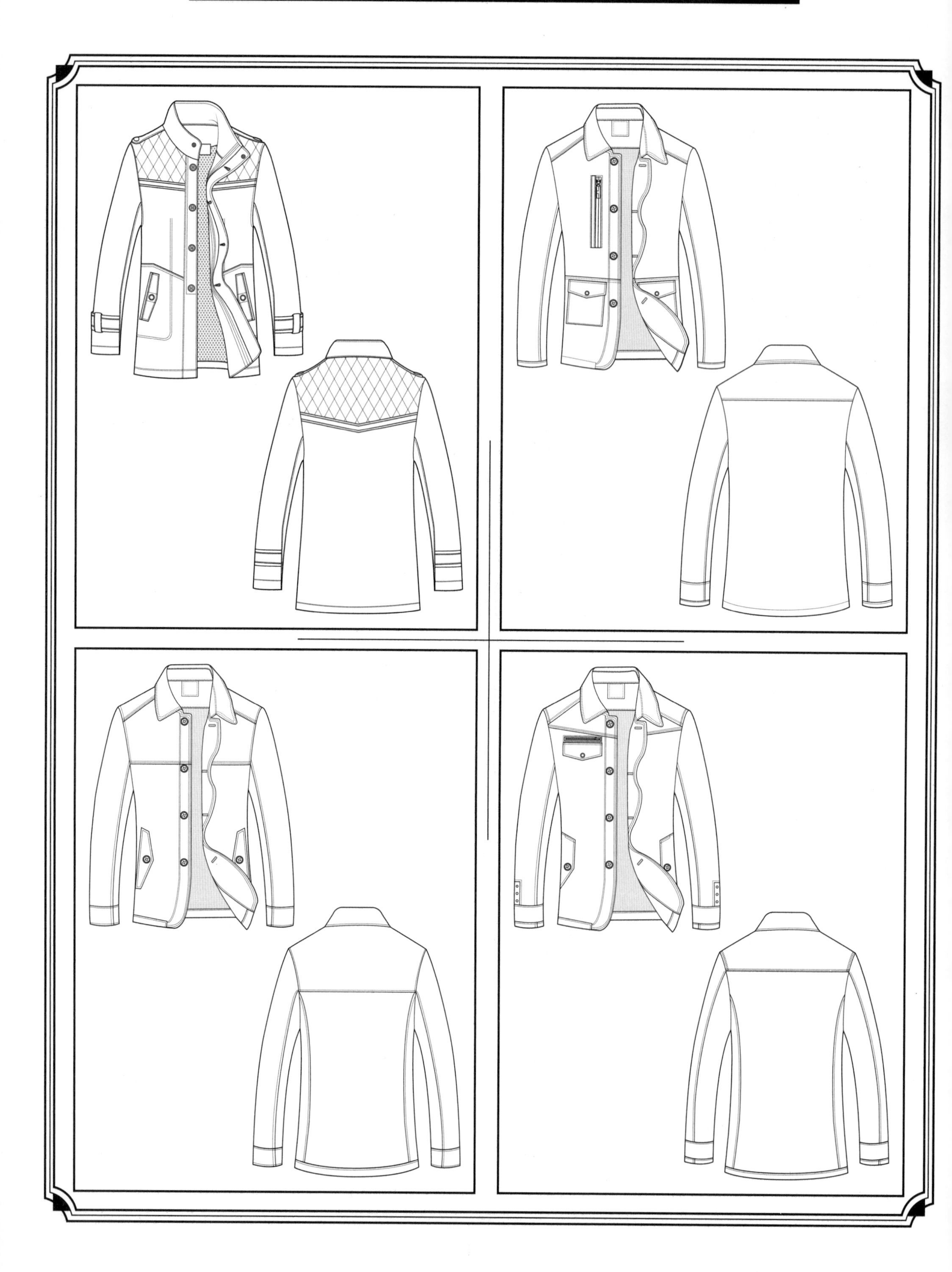

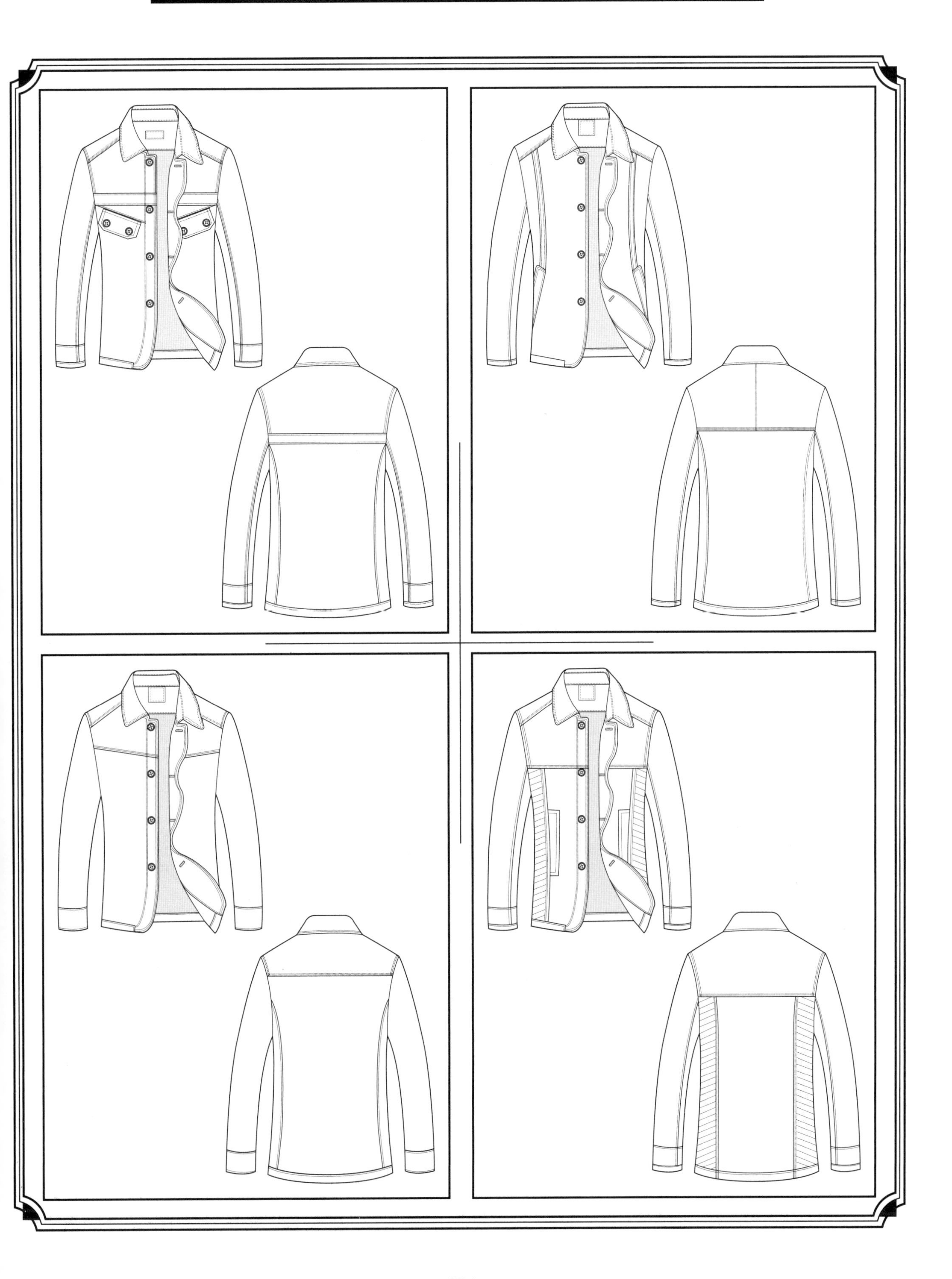

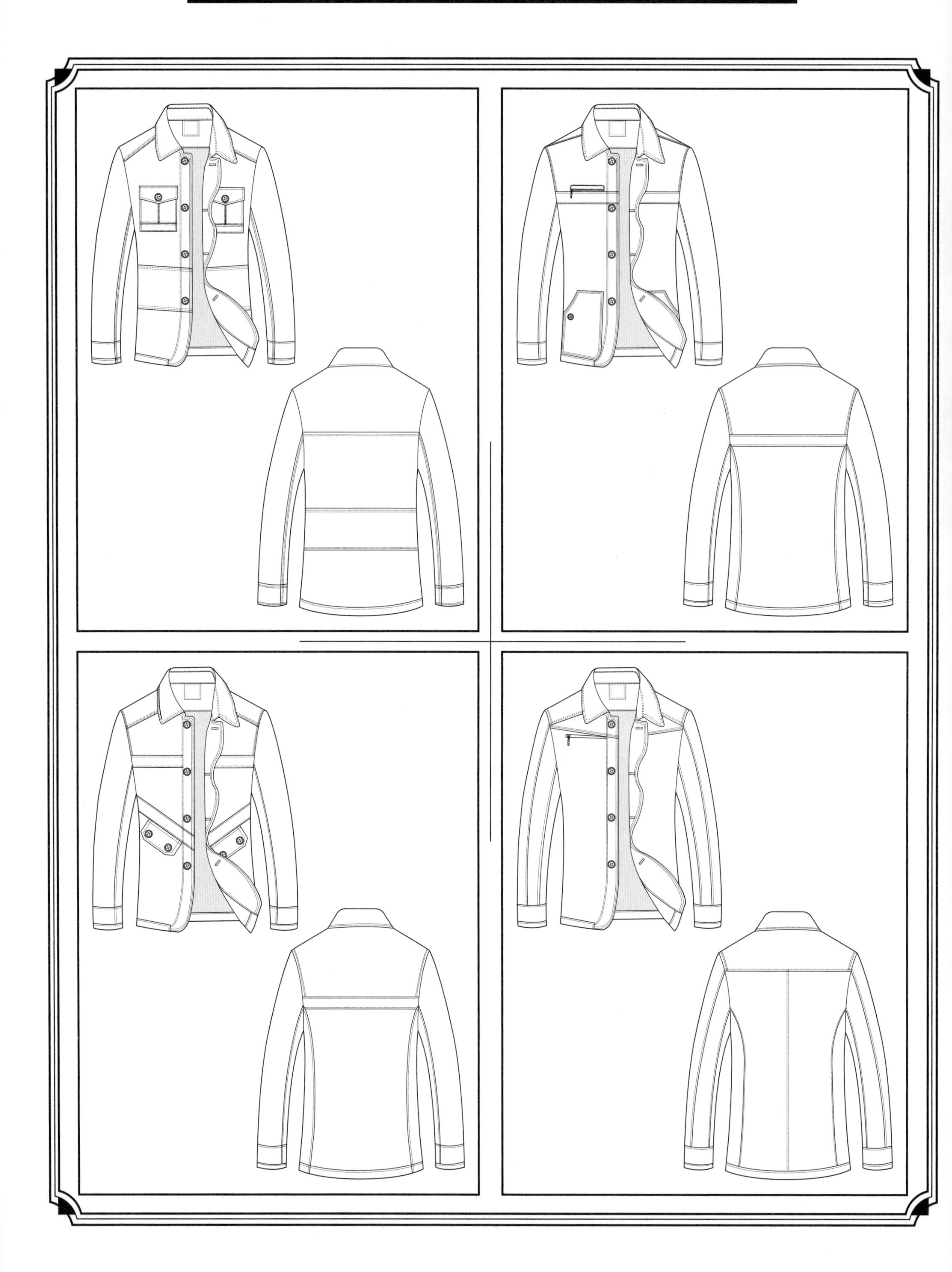

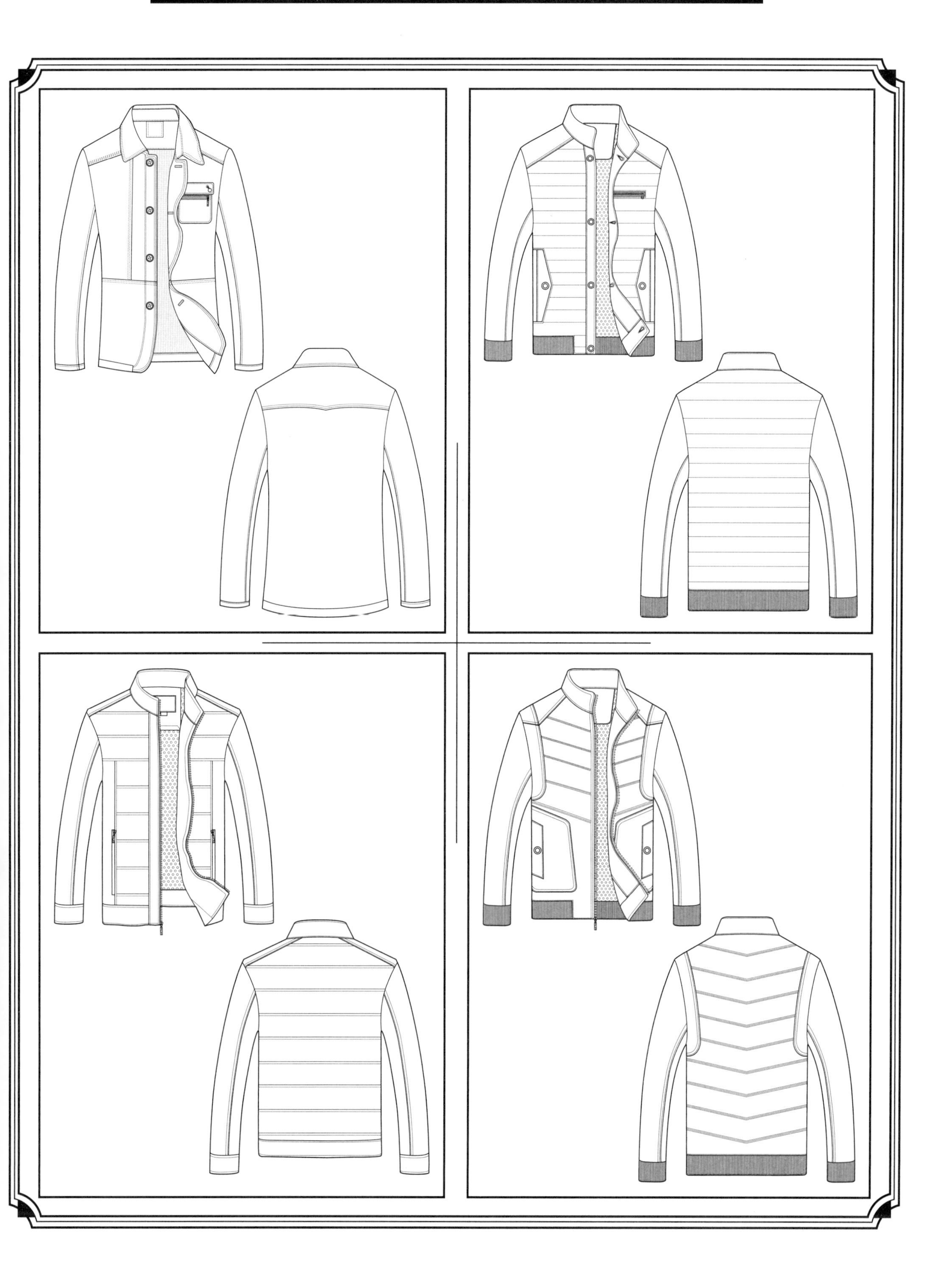

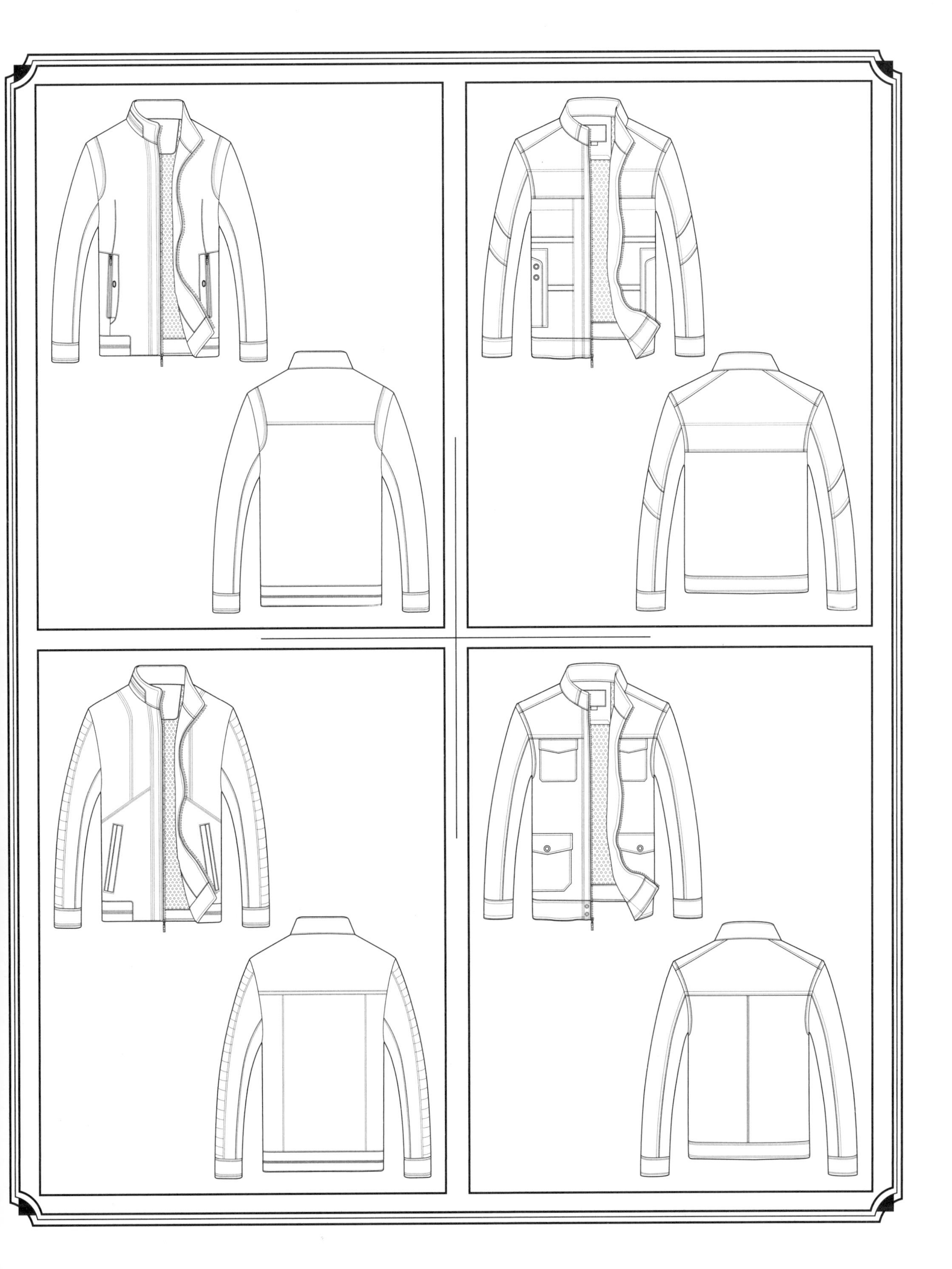

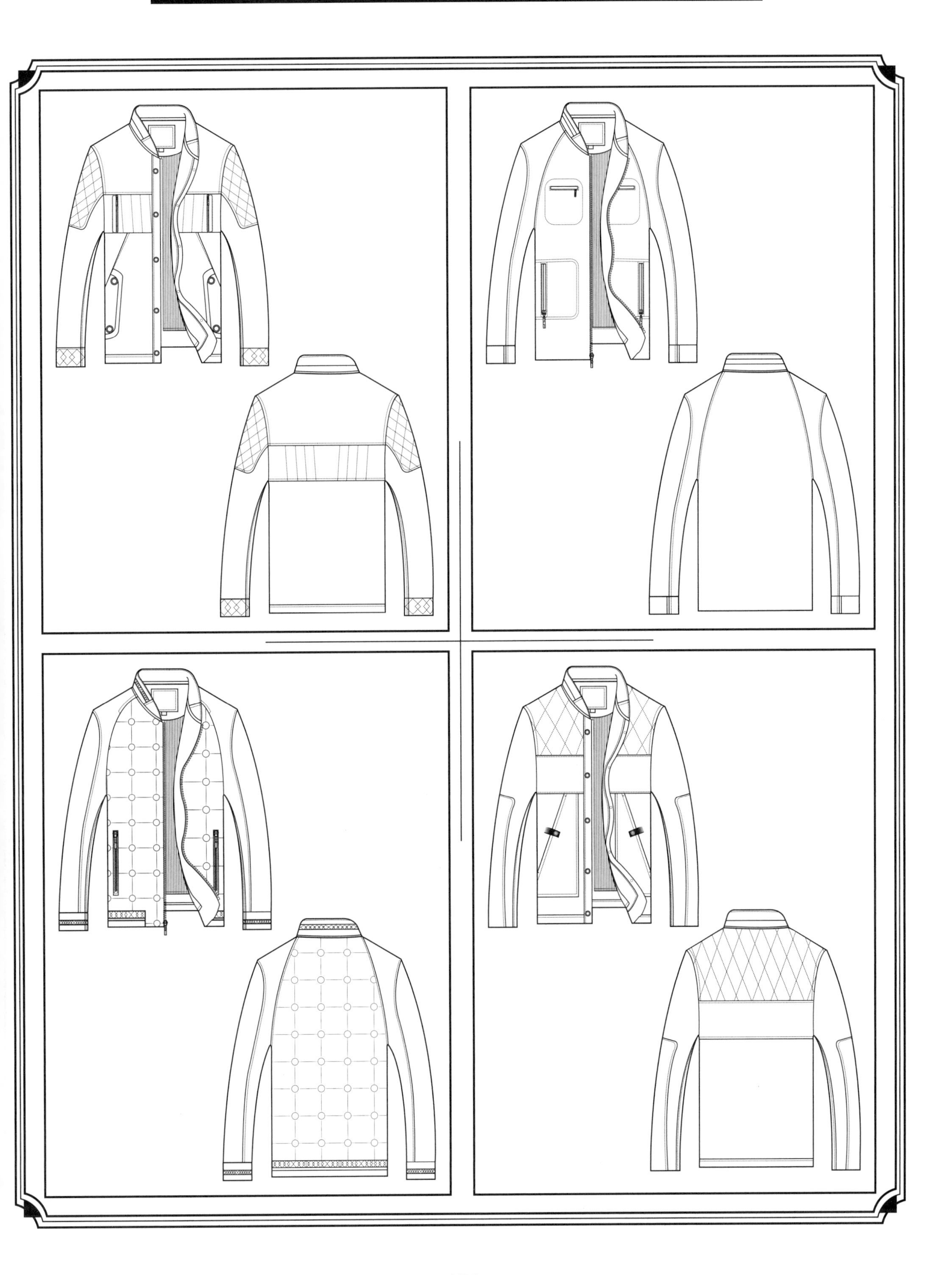

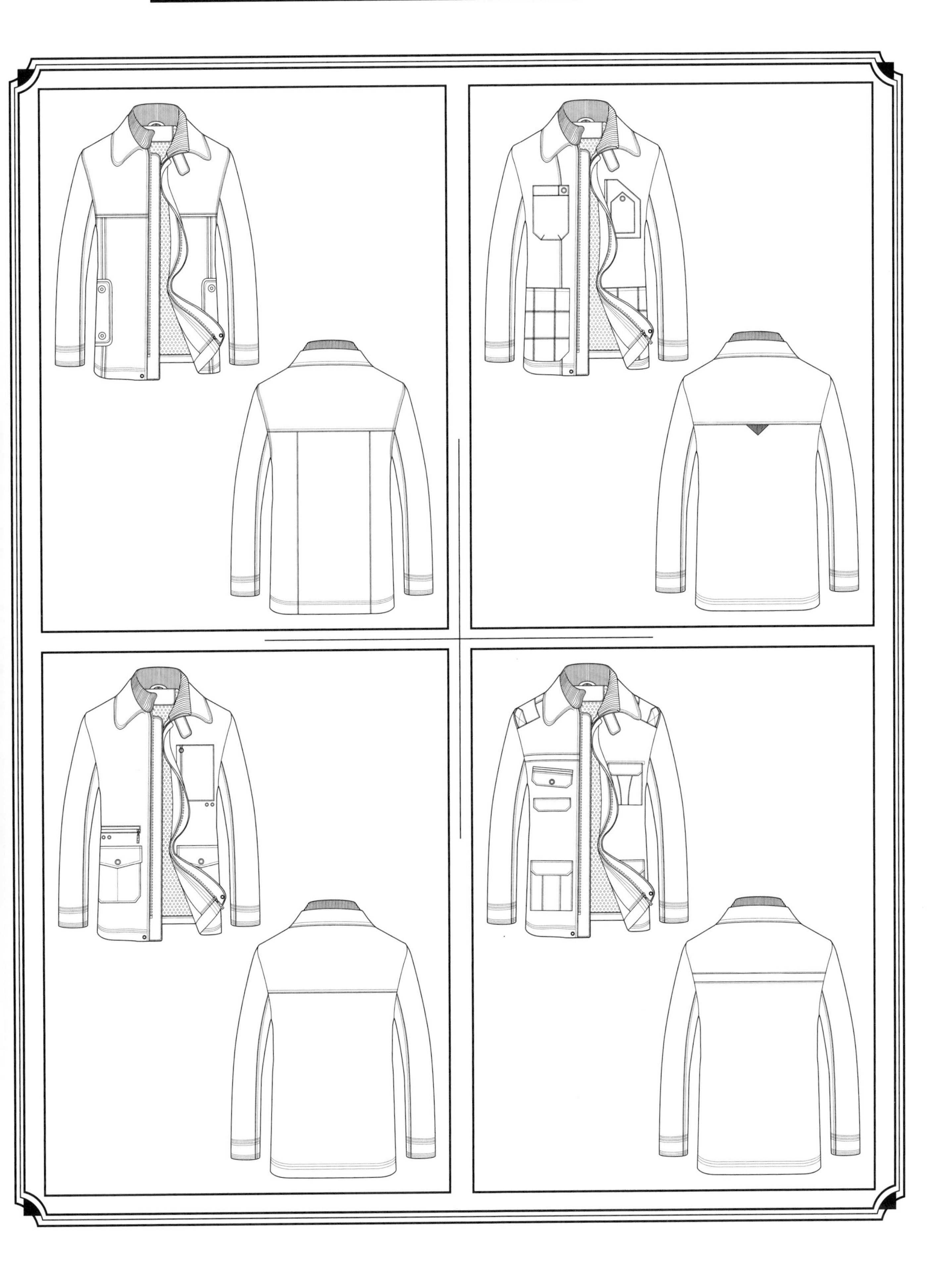

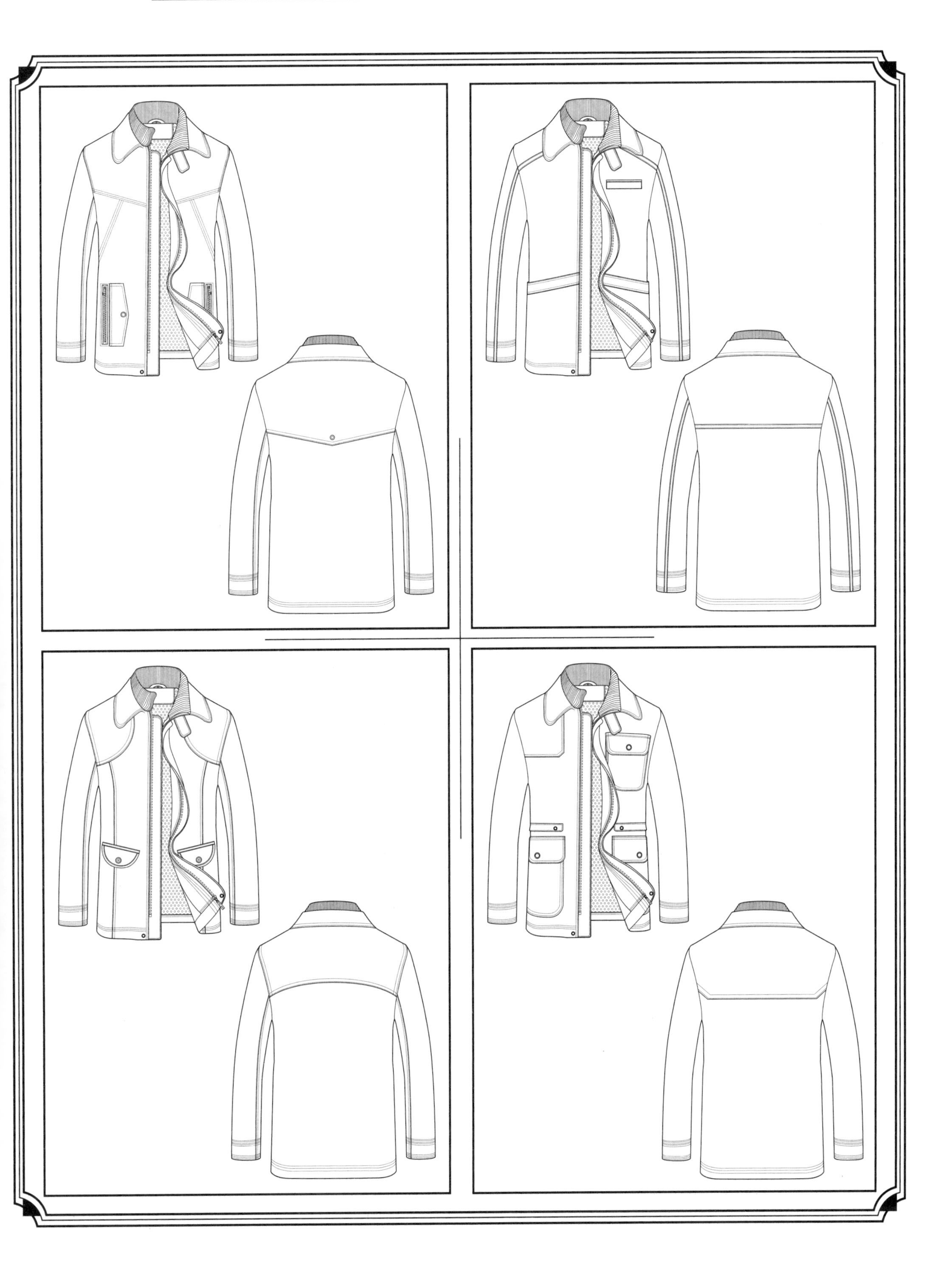

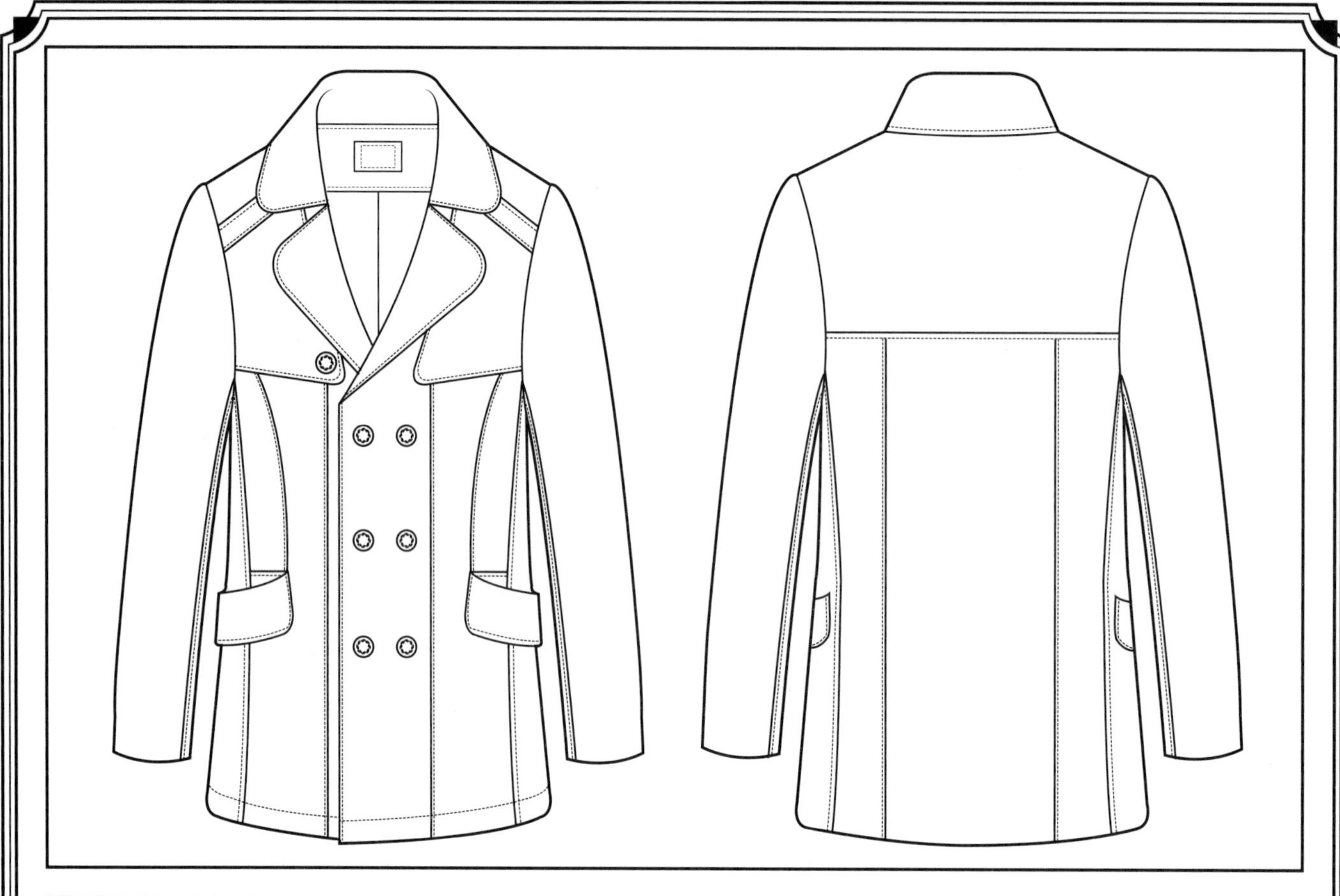

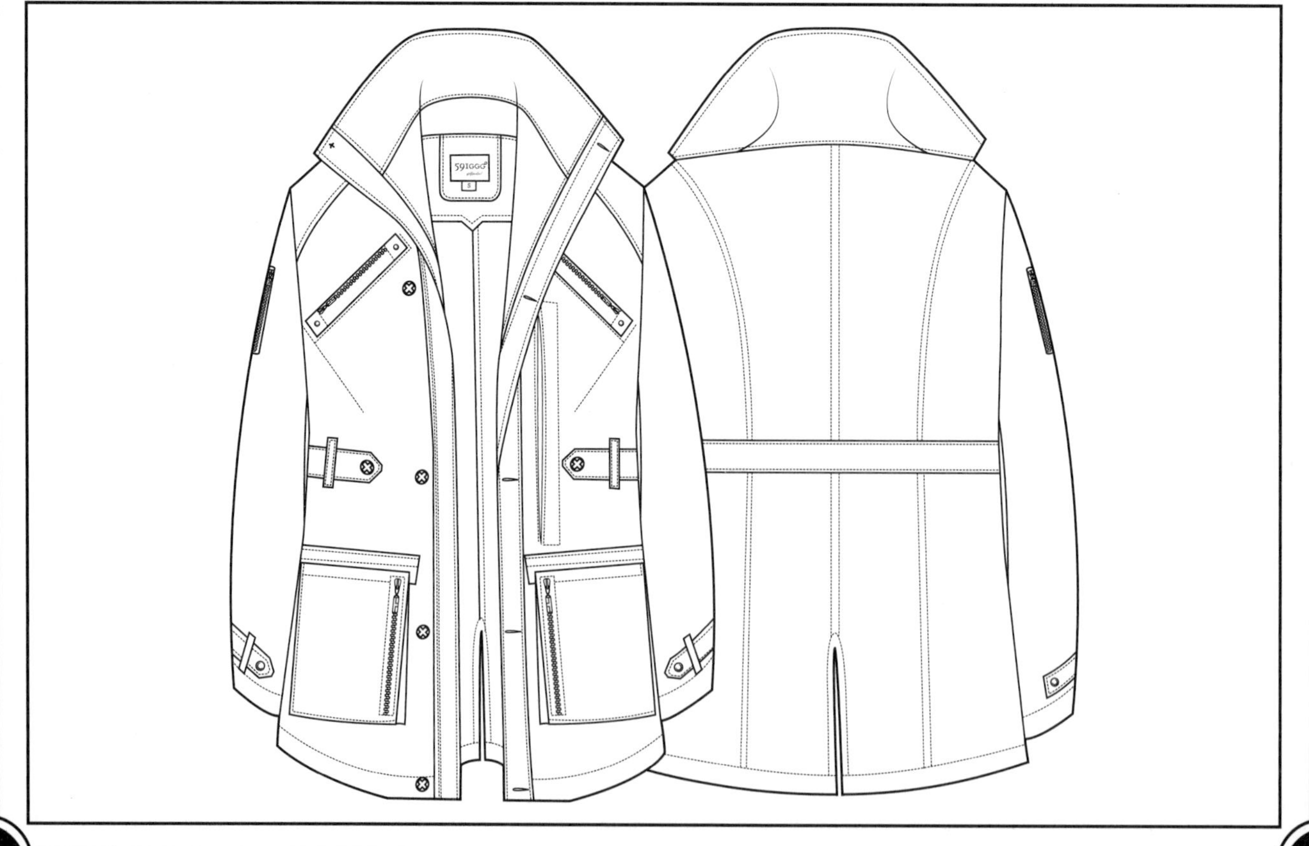